高等职业教育艺术设计新形态系列教材

家具结构设计

JIAJU JIEGOU SHEJI

吴 哲 杨凌云 主 编
郭颖艳 向 前 廖 军 副主编

西南大学出版社
国家一级出版社 全国百佳图书出版单位

图书在版编目（CIP）数据
家具结构设计 / 吴哲，杨凌云主编. -- 重庆：西南大学出版社，2024. 7. -- ISBN 978-7-5697-2378-6
Ⅰ. TS664.01
中国国家版本馆 CIP 数据核字第 20243ZS765 号

高等职业教育艺术设计新形态系列教材

家具结构设计
JIAJU JIEGOU SHEJI

吴　哲　杨凌云　主　编
郭颖艳　向　前　廖　军　副主编

选题策划：龚明星　袁　理
责任编辑：邓　慧
责任校对：徐庆兰
装帧设计：沈　悦　何　璐
排　　版：张　艳
出版发行：西南大学出版社（原西南师范大学出版社）
地　　址：重庆市北碚区天生路2号
本社网址：http://www.xdcbs.com
网上书店：https://xnsfdxcbs.tmall.com
印　　刷：重庆紫石东南印务有限公司
成品尺寸：210 mm × 285 mm
印　　张：7.75
字　　数：271千字
版　　次：2024年7月 第1版
印　　次：2024年7月 第1次印刷
书　　号：ISBN 978-7-5697-2378-6
定　　价：65.00 元

本书如有印装质量问题，请与我社市场营销部联系更换。
市场营销部电话：（023）68868624 68367498

西南大学出版社美术分社欢迎赐稿。
美术分社电话：（023）68254657

前言

FOREWORD

本教材在内容上结合家具行业企业岗位需求和典型工作任务进行编写，形式上以活页式工作手册呈现，旨在引导学生完成对应的学习任务，让学生在模拟完整的家具结构设计工作任务中得到专业技能的训练、综合职业能力的培养。

本教材选取实木家具结构和板式家具结构两种结构类型作为主线，共设置三个学习单元。学习单元一是认识家具结构，本单元旨在让学生充分理清家具结构在家具产品设计中的重要作用和主要表现，并学会资料的收集、整理、分析、展示等，对家具结构有一个初步认识。学习单元二是实木家具结构，主要就实木家具结构相关内容进行针对性的训练，包括熟识实木家具材料、认识并能绘制榫卯结构、学习家具制图规范、学习绘制家具结构图纸等内容。其中，中国传统家具结构图例选自杨耀先生的《明式家具研究》，作为优秀的家具结构图例，为学生学习家具结构提供了巨大帮助。学习单元三是板式家具结构，主要就板式家具结构相关内容进行针对性的训练，包括熟识家具材料及五金件、拆装板式家具实物、绘制偏心件及圆棒榫的孔位图纸等内容。

本教材有如下四个特点：

第一，每个学习单元开篇都配有学习目标、任务描述和学习任务及建议学时，学生可以在进入单元学习前知悉本单元学习的主要内容与学习任务。

第二，每单元的学习任务配有任务描述和任务点及具体学习要求，相关的任务资源或知识要点以二维码的形式附在每个学习子任务前面，子任务的具体内容和要求则在相关活页面介绍，学生可以根据教师的指引完成相关任务。

第三，每个学习任务后面还配有任务评价表，学生完成任务后可以对照任务内容和学习要求来完成评价表，发现自己的优势和不足，并进行针对性的改进与优化。

第四，每个学习单元还配有单元总体评价表，学生可以对本单元学习的整体情况做一个总结。

本教材由绵阳职业技术学院吴哲和四川城市职业学院杨凌云担任主编，四川国际标榜职业学院郭颖艳、绵阳职业技术学院向前、四川现代职业学院廖军担任副主编。

感谢全友家居、绵阳三色宅配智能家居有限公司、成都易创美佳家具设计有限公司、成都红点家具设计公司等提供的素材和帮助，也感谢西南大学出版社对本教材出版的支持。

限于编者水平和经验，教材中难免会有不足之处，敬请读者批评指正，也期望通过与同行的交流探讨，不断修订改进本教材。

编者

2024 年 5 月

目录

CONTENTS

二维码资源目录

学习单元分值表

学习单元分值表

班级：　　　　　　　　姓名：　　　　　　　　学号：

学习单元	任务序号	学习任务内容	自评得分	小组评分	教师评分	总分
学习单元一 认识家具结构	学习任务 1	初识家具结构				
	学习任务 2	收集整理家具结构图片				
	学习单元一总体评价	单元总体评价				
学习单元二 实木家具结构	学习任务 1	熟识实木家具材料				
	学习任务 2	榫卯结构				
	学习任务 3	绘制并展示 120 种榫卯结构示意图				
	学习任务 4	学习家具制图规范及木结构绘制				
	学习任务 5	绘制实木抽屉和实木门结构图纸				
	学习任务 6	实木家具结构案例及图例修改				
	学习任务 7	绘制并展示实木家具整套结构图纸				
	学习单元二总体评价	单元总体评价				
学习单元三 板式家具结构	学习任务 1	熟识板式家具材料及五金件				
	学习任务 2	拆装板式家具实物				
	学习任务 3	绘制偏心件及圆棒榫的孔位图纸				
	学习任务 4	绘制板式家具门板的孔位图纸				
	学习任务 5	绘制抽屉结构图纸				
	学习任务 6	板式家具结构案例及图例修改				
	学习任务 7	绘制抽屉柜的整套结构图纸				
	学习单元三总体评价	单元总体评价				
总分						

分数权重说明：

1. 学习任务总分＝自评得分（20%）＋小组评分（30%）＋教师评分（50%）
2. 学习单元一总体评价分数＝学习任务 1（40%）＋学习任务 2（60%）
3. 学习单元二总体评价分数＝学习任务 1（10%）＋学习任务 2（10%）＋学习任务 3（15%）＋学习任务 4（10%）＋学习任务 5（10%）＋学习任务 6（15%）＋学习任务 7（30%）
4. 学习单元三总体评价分数＝学习任务 1（10%）＋学习任务 2（10%）＋学习任务 3（10%）＋学习任务 4（10%）＋学习任务 5（10%）＋学习任务 6（15%）＋学习任务 7（35%）
5. 最后总分＝（学习单元一总体评价分数＋学习单元二总体评价分数＋学习单元三总体评价分数）÷3

学习单元建议学时表

学习单元建议学时表

学习单元	任务序号	学习任务内容	建议学时	小计
学习单元一 认识家具结构	学习任务 1	初识家具结构	3 学时	8 学时
	学习任务 2	收集整理家具结构图片	4 学时	
	学习单元一 总体评价	单元总体评价	1 学时	
学习单元二 实木家具结构	学习任务 1	熟识实木家具材料	4 学时	36 学时
	学习任务 2	榫卯结构	2 学时	
	学习任务 3	绘制并展示 120 种榫卯结构示意图	6 学时	
	学习任务 4	学习家具制图规范及木结构绘制	4 学时	
	学习任务 5	绘制实木抽屉和实木门结构图纸	4 学时	
	学习任务 6	实木家具结构案例及图例修改	4 学时	
	学习任务 7	绘制并展示实木家具整套结构图纸	10 学时	
	学习单元二 总体评价	单元总体评价	2 学时	
学习单元三 板式家具结构	学习任务 1	熟识板式家具材料及五金件	5 学时	36 学时
	学习任务 2	拆装板式家具实物	3 学时	
	学习任务 3	绘制偏心件及圆棒榫的孔位图纸	3 学时	
	学习任务 4	绘制板式家具门板的孔位图纸	3 学时	
	学习任务 5	绘制抽屉结构图纸	5 学时	
	学习任务 6	板式家具结构案例及图例修改	5 学时	
	学习任务 7	绘制抽屉柜的整套结构图纸	10 学时	
	学习单元三 总体评价	单元总体评价	2 学时	
合计			80 学时	

学习单元一

认识家具结构

学习任务1　初识家具结构

学习任务2　收集整理家具结构图片

学习单元一总体评价

JIAJU JIEGOU SHEJI 家具结构设计

■学习目标

完成本学习单元的任务，自己应该达到以下目标：

1. 具有独立学习和分析解决问题的能力，善于总结经验，有创新意识。
2. 具有任务解析能力、与人沟通和团队协作能力。
3. 具有严谨的科学态度和创新思维。
4. 具备良好的职业素养和坚韧、诚信的品德。
5. 能够理解家具结构设计的基本内容。
6. 能够独立或团队合作完成学习任务。
7. 认清家具设计师及家具结构设计师等企业岗位的需求，着重培养相关职业技能。
8. 训练语言表达能力，培养精益求精的优秀品质。

■任务描述

本单元的学习任务设定主要参照企业岗位需求和同学们的学习实际，将企业岗位需求的内容融入学习要求，通过完成本单元的学习任务，达到专业技能培养的目的。本单元学习任务设置是让同学们理解家具结构在家具产品设计中的主要表现，让同学们学会资料收集、整理、分析、展示、表达等内容，对家具结构有一个初步认识。同学们按照学习要求完成每个学习任务，根据每个学习任务配备的评价表中的评分项目进行评价，发现自己的优势和不足，并进行针对性的改进与优化。在学习单元的最后有总体评价表，同学们可以对本单元学习的整体情况做一个总结。

■学习任务及建议学时

本学习单元主要有两个学习任务和一个单元总体评价，具体的学习任务内容及学时分配见表 1–1。

表 1–1 学习任务及学时分配表

任务序号	学习任务内容	学习子任务	建议学时	备注
学习任务 1	初识家具结构	1.1 认识家具结构的含义与主要作用 1.2 理解家具结构设计的原则 1.3 读懂图中家具的结构连接方式 1.4 任务评价	3 学时	
学习任务 2	收集整理家具结构图片	2.1 收集分析家具结构图片 2.2 整理展示家具结构形式 2.3 任务评价	4 学时	
学习单元一总体评价			1 学时	
合计			8 学时	

学习任务1 初识家具结构

●建议学时：3 学时。

●任务描述：学习任务 1 主要有四个学习子任务，其中包含对学习任务 1 的评价。通过学习任务 1 明确主要学习任务和要求，厘清家具结构的基本知识，具体任务及学习要求见表 1-2。

表 1-2 任务点及具体学习要求

序号	子任务内容	学习要求	备注
1.1	认识家具结构的含义与主要作用	1. 自主学习，主动思考，完成工作页上的内容 2. 用专业术语准确、完整地解释家具结构的含义和家具结构在产品中的主要作用，提升自身职业素质 3. 学会与人合作，分工合理，发挥团队力量完成任务 4. 能够自主学习电子资源里的内容，扩展学习内容	
1.2	理解家具结构设计的原则	1. 自主学习，主动思考，完成工作页上的内容 2. 概括总结家具结构设计的主要原则 3. 理解家具结构设计的主要原则在家具设计中的具体应用 4. 学会与人合作，分工合理，发挥团队力量完成任务 5. 能够自主学习电子资源里的内容，扩展学习内容	
1.3	读懂图中家具的结构连接方式	1. 自主学习，主动思考，完成工作页上的内容 2. 尝试读懂图片中家具部件与部件之间的连接结构，对家具结构有一个直观的认知 3. 深入思考家具结构与家具产品的功能、工艺、造型、风格之间的关系 4. 学会与人合作，分工合理，发挥团队力量完成任务 5. 培养自己分析问题、解决问题的能力 6. 能够自主学习电子资源里的内容，扩展学习内容	
1.4	任务评价	1. 根据学习任务评价表中的评分项目及要求，完成自主评分、小组评分 2. 完成学习任务 1 的个人总结，总结本任务的完成情况及成效，找出不足并提出改进措施，提升自身职业素养 3. 将学习任务评价表填写完整，与前面三个子任务的工作页按任务要求一起提交给学习委员	

码 1-1 家具结构设计的含义与作用

码 1-2 认识家具结构

码 1-3 家具结构设计的原则

<table>
<tr><td rowspan="2">家具结构设计</td><td rowspan="2">学习单元一
学习任务 1</td><td colspan="3">姓名：</td></tr>
<tr><td>班级：</td><td>学号：</td><td>日期：</td></tr>
</table>

1.1 认识家具结构的含义与主要作用

解释家具结构的含义和家具结构设计的主要作用。

1.2 理解家具结构设计的原则

准确理解家具结构设计的原则，详细阐述结构设计的基本原则。

1.3 读懂图中家具的结构连接方式

读懂下列家具产品部件与部件之间的连接结构。根据家具产品详细阐述家具结构与家具产品的功能、工艺、造型、风格之间有什么关系。

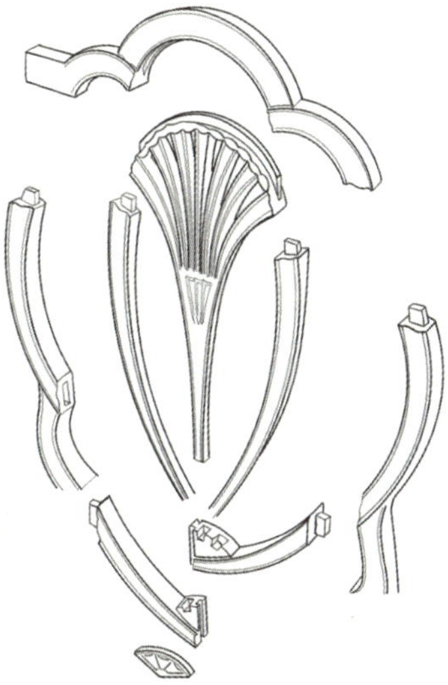

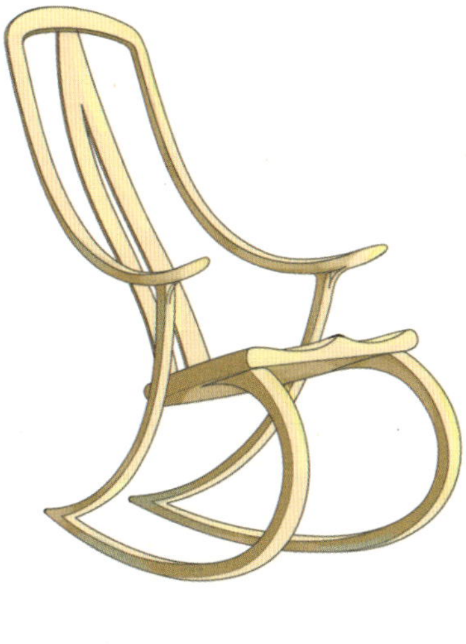

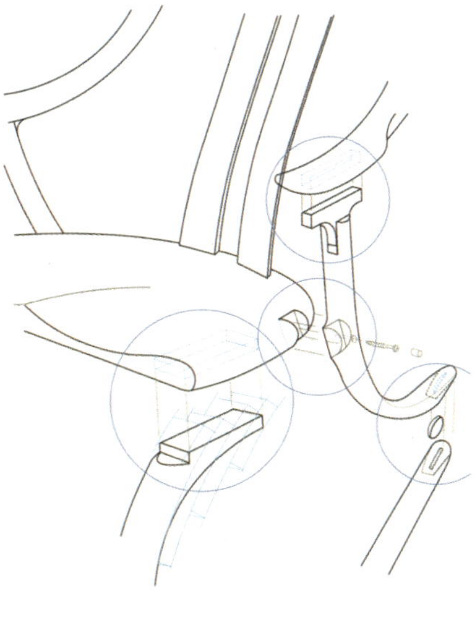

1.4 任务评价

表 1-3 学习任务 1 评价表

评分项目			分值	评分要求	自评得分	小组评分	教师评分
综合素养	纪律情况（10 分）	不迟到、不早退，及时签到	5	违反三次不得分			
		学习用品准备齐全	5	用具不齐每次扣 2 分			
		执行教师指令	0	不服从管理扣 10—100 分			
	职业道德（15 分）	善于沟通，工作有计划，按时完成相关任务	5	没有按时完成任务，每次扣 2 分			
		场地、工作位干净整洁	5	养成好习惯，食物不进教室，发现一次扣 2 分			
		能与他人合作完成任务	5	各做各的作业，没有合作扣 2 分			
	综合能力（10 分）	积极思考问题、分析问题、解决问题的能力	5	能积极分析问题解决问题得 5 分			
		健康积极的工作态度、认真踏实的工作作风	5	工作态度好得 5 分			
核心技术	任务完成过程（30 分）	能准确了解任务要求	5	不按要求完成工作页扣 5 分			
		用专业词语回答问题，书写规范	5	用专业词语回答，规范性强得 5 分			
		创新能力体现	5	能体现创新思路的得 5 分			
		任务分工合理，成员间配合好	5	分工不合理，配合不好不得分			
		能合理利用各种资源为任务服务	10	不查阅相关资料的酌情扣 1—10 分			
	工作页提交或成果展示（20 分）	语言表达清晰准确	5	表达清晰准确得 1—5 分			
		内容完整、有逻辑	10	内容完整有逻辑得 1—5 分			
		追求完美，精益求精	5	精益求精得 5 分			
任务完成情况	按时按质完成（15 分）	按时提交工作页	5	不按时提交扣 5 分			
		字迹整洁、格式美观	5	格式美观，有设计感得 1—5 分			
		内容完成程度高，准确率高	5	完成度高，准确性高得 1—5 分			
得分合计							
总分（自评得分 ×20%+ 小组评分 ×30%+ 教师评分 ×50%）							

个人总结：请根据本次学习任务的完成情况，从个人综合素养提升、职业能力提升等方面进行小结。

本人签字		组长签字		教师签字	

学习任务 2
收集整理家具结构图片

●建议学时：4 学时。

●任务描述：学习任务 2 主要有三个学习子任务，其中包含对学习任务 2 的评价，通过学习任务 2 明确主要任务和要求，按要求完成收集整理展示不同的家具产品设计图片，具体任务及学习要求见表 1–4。

表 1-4 任务点及具体学习要求

序号	子任务内容	学习要求	备注
2.1	收集分析家具结构图片	1. 学会与人合作，分工合理，发挥团队力量完成任务 2. 资料收集之前先拟定好资料收集范围及分类方法，学会信息的收集、归纳、提炼 3. 确认收集的图片具有完整性，准确涵盖各类不同家具结构类型，合理利用各类资源进行资料收集，提升自身职业素质 4. 严格按照任务要求进行资料的收集与整理，学会资料收集的方法，使用合理的方法完成任务内容 5. 归类收集的家具结构图片，合理进行图片分类工作 6. 能够自主学习电子资源里的内容，扩展学习内容	
2.2	整理展示家具结构形式	1. 学会与人合作，分工合理，发挥团队力量完成任务 2. 将家具结构形式进行分类，完成结构图片资料的分类与整理，确定 PPT 内容的逻辑结构 3.PPT 制作过程中学会版式的设计方法，PPT 内容应该主题突出、逻辑清晰、版式美观，培养自己的创新精神 4.PPT 展示时注意语言的规范性、专业性，吐字清晰，语速适宜，能控制好汇报展示的时间，训练语言表达能力，提升自身职业素质 5. 能够自主学习电子资源里的内容，扩展学习内容	
2.3	任务评价	1. 根据学习任务评价表上的评分项目及要求，完成自主评分、小组评分 2. 完成学习任务 2 的个人总结，总结本任务的完成情况及成效，找出不足并提出改进措施，提升自身职业素养 3. 将学习任务评价表填写完整，与前面两个子任务的成果按任务要求一起提交给学习委员	

码 1-4 家具公司网址参考

码 1-5 常见家具结构形式

<table>
<tr><td rowspan="2">家具结构设计</td><td rowspan="2">学习单元一
学习任务 2</td><td colspan="3">姓名：</td></tr>
<tr><td>班级：</td><td>学号：</td><td>日期：</td></tr>
</table>

2.1 收集分析家具结构图片

以小组为单位收集家具产品不同结构形式的图片，并按照不同结构种类进行分类。

1. 收集的图片应为高清图，1000 像素以上为宜，图片清晰无水印。

2. 收集图片时建议从设计公司官网或相关论坛、素材网站收集，避免直接百度搜索。

3. 建议用电脑打开网页去收集图片，不要用手机保存图片，各种图片按照不同分类来存放，按类别给收集的图片重新命名，方便后期资料整理。

4. 分类时可以按不同材料进行整理，如木质、金属、竹藤、塑料、石材、软体等；也可以按照不同结构形式来整理，如框架式、板式、调节式、叠放式、壳体式、曲木、整体浇铸、充气结构、折叠结构、组合式、悬挂式、固定和拆装结构等。着重收集不同材质的不同结构及同种材质的不同结构形式。

5. 任务成果提交：每个小组提交收集的图片文件夹，文件夹以“小组成员姓名 +1−2 结构图片收集作业”来命名。

2.2 整理展示家具结构形式

根据上一任务收集的家具结构图片，每个小组制作一份 PPT 文件，并在班级进行展示。

1.PPT 主题为介绍不同家具产品的结构形式，题目自拟。

2.PPT 统一用宽屏，版式要整洁美观，可以自己设计也可以用 PPT 模板。

3.PPT 动画不要太复杂，重点突出内容，注意字体和字号的设置。

4. 注意每页 PPT 的版式，最好图文结合，前后内容逻辑关系清晰。

5. 每组 PPT 展示时间控制在 5 分钟左右，语速适中，内容逻辑清晰、完整。

6. 任务成果提交：每个小组制作的 PPT 文件，文件名以“小组成员姓名 +1−2 结构图片展示作业”来命名。

2.3 任务评价

表 1-5 学习任务 2 评价表

评分项目			分值	评分要求	自评得分	小组评分	教师评分
综合素养	纪律情况（10 分）	不迟到、不早退，及时签到	5	违反三次不得分			
		学习用品准备齐全	5	用具不齐每次扣 2 分			
		执行教师指令	0	不服从管理扣 10—100 分			
	职业道德（15 分）	善于沟通，工作有计划，按时完成相关任务	5	没有按时完成任务，每次扣 2 分			
		场地、工作位干净整洁	5	养成好习惯，食物不进教室，发现一次扣 2 分			
		能与他人合作完成任务	5	各做各的作业，没有合作扣 2 分			
	综合能力（10 分）	积极思考问题、分析问题、解决问题的能力	5	能积极分析问题解决问题得 5 分			
		健康积极的工作态度、认真踏实的工作作风	5	工作态度好得 5 分			
核心技术	任务完成过程（30 分）	能准确了解任务要求	5	不按要求完成工作页扣 5 分			
		用专业词语回答问题，书写规范	5	用专业词语回答，规范性强得 5 分			
		创新能力体现	5	能体现创新思路的得 5 分			
		任务分工合理，成员间配合好	5	分工不合理，配合不好不得分			
		能合理利用各种资源为任务服务	10	不查阅相关资料的酌情扣 1—10 分			
	工作页提交或成果展示（20 分）	语言表达清晰准确	5	表达清晰准确得 1—5 分			
		内容完整、有逻辑	10	内容完整有逻辑得 1—5 分			
		追求完美，精益求精	5	精益求精得 5 分			
任务完成情况	按时按质完成（15 分）	按时提交工作页	5	不按时提交扣 5 分			
		字迹整洁、格式美观	5	格式美观，有设计感得 1—5 分			
		内容完成程度高，准确率高	5	完成度高，准确性高得 1—5 分			
得分合计							
总分（自评得分 ×20%+ 小组评分 ×30%+ 教师评分 ×50%）							
个人总结：请根据本次学习任务的完成情况，从个人综合素养提升、职业能力提升等方面进行小结。							

本人签字		组长签字		教师签字	

学习单元一总体评价

●建议学时：1 学时。

●任务描述：通过学习单元一总体评价考查同学们在学习过程中对知识和技能的掌握情况，自主总结分析任务完成情况，具体评价内容见表 1-6。

表 1-6 学习单元一总体评价表

<table>
<tr><th>序号</th><th>学习任务</th><th>权重</th><th>综合得分（各学习任务得分 × 权重）</th><th>备注</th></tr>
<tr><td>学习任务 1</td><td>初识家具结构</td><td>40%</td><td></td><td></td></tr>
<tr><td>学习任务 2</td><td>收集整理家具结构图片</td><td>60%</td><td></td><td></td></tr>
<tr><td colspan="3">总分</td><td></td><td></td></tr>
<tr><td>本学习单元是否合格</td><td></td><td>教师签字</td><td colspan="2"></td></tr>
<tr><td colspan="5">个人总结：请根据以上分数情况，对本学习单元中的工作和学习状态进行评述，并分析个人的优缺点，提出改进措施。

（本人签字）

年 月 日</td></tr>
<tr><td colspan="5">教师指导意见：</td></tr>
</table>

学习单元二

实木家具结构

学习任务 1　熟识实木家具材料

学习任务 2　榫卯结构

学习任务 3　绘制并展示 120 种榫卯结构示意图

学习任务 4　学习家具制图规范及木结构绘制

学习任务 5　绘制实木抽屉和实木门结构图纸

学习任务 6　实木家具结构案例及图例修改

学习任务 7　绘制并展示实木家具整套结构图纸

学习单元二总体评价

JIAJU JIEGOU SHEJI 家具结构设计

■学习目标

完成本学习单元的任务，自己应该达到以下目标：

1. 具有独立学习和分析解决问题的能力，善于总结经验，有创新意识。
2. 具有任务解析能力、与人沟通和团队协作能力。
3. 具有严谨的科学态度和创新思维。
4. 具备良好的职业素养和坚韧、诚信的品德。
5. 训练语言表达能力和精益求精的优秀品质。
6. 能够独立或团队合作完成学习任务。
7. 认清家具设计师、家具工艺设计师、家具结构设计师等企业岗位的需求，着重培养相关职业技能。
8. 能够思考实木家具材料在家具产品设计中的应用，熟悉家具零部件常用的接合方式与家具部件的结构形式。
9. 能够理解不同类型家具零部件的连接方式及结构特点。
10. 能够看懂中国传统家具中榫卯结构形式，学习中国优秀传统文化。
11. 学会实木家具结构图纸的表达规范和标准，提高家具设计技能。
12. 能够根据家具产品设计进行结构图纸的绘制，合理利用各种软件及专业知识进行辅助。

■任务描述

本单元的学习任务设定主要参照企业岗位需求和同学们的学习实际，将企业岗位需求的内容融入学习要求，通过完成本单元的学习任务，达到专业技能培养的目的。本单元学习任务设置是让同学们理解不同实木家具材料在家具产品设计中的主要表现，学会常用的实木家具结构形式，能够利用相关软件绘制不同榫卯结构示意图，训练行业企业规范和岗位要求，能够看懂全套实木家具图纸，学习中国传统家具的结构形式，能够绘制不同部件及家具产品的结构图纸，对实木家具结构非常熟悉并且能够进行应用。同学们按照学习要求完成每个学习任务，根据每个学习任务配备的评价表中的评分项目进行评价，发现自己的优势和不足，并进行针对性的改进与优化。在学习单元的最后有总体评价表，同学们可以对本单元学习的整体情况做一个总结。

■学习任务及建议学时

本学习单元主要有七个学习任务和一个单元总体评价，具体的学习任务内容及学时分配见表 2-1。

表 2-1 学习任务及学时分配表

任务序号	学习任务内容	学习子任务	建议学时	备注
学习任务 1	熟识实木家具材料	1.1 阐述家具中常用的实木种类及特点 1.2 收集整理实木家具设计图片 1.3 展示汇报实木家具材料应用图例 1.4 任务评价	4 学时	
学习任务 2	榫卯结构	2.1 列举实木家具结构常用的接合方式 2.2 认识榫卯结构形式 2.3 识别实木家具基本部件的结构 2.4 任务评价	2 学时	
学习任务 3	绘制并展示 120 种榫卯结构示意图	3.1 绘制 120 种榫卯结构示意图 3.2 展示 120 种榫卯结构示意图 3.3 任务评价	6 学时	
学习任务 4	学习家具制图规范及木结构绘制	4.1 学会榫卯结构图样表达 4.2 绘制实木框架结构图 4.3 任务评价	4 学时	
学习任务 5	绘制实木抽屉和实木门结构图纸	5.1 绘制实木抽屉结构图纸 5.2 绘制实木门结构图纸 5.3 任务评价	4 学时	
学习任务 6	实木家具结构案例及图例修改	6.1 看懂实木家具结构图纸的各项内容 6.2 读懂中国传统家具结构 6.3 修改家具结构图样图 6.4 任务评价	4 学时	
学习任务 7	绘制并展示实木家具整套结构图纸	7.1 绘制实木家具整套结构图纸 7.2 展示实木家具整套结构图纸 7.3 任务评价	10 学时	
学习单元二总体评价			2 学时	
合计			36 学时	

学习任务1 熟识实木家具材料

●建议学时：4 学时。

●任务描述：学习任务 1 主要有四个学习子任务，其中包含对学习任务 1 的评价，通过学习任务 1 明确主要任务和要求，区分常用的实木家具材料并收集整理展示实木家具材料应用图例，具体任务及学习要求见表 2–2。

表 2-2 任务点及具体学习要求

序号	子任务内容	学习要求	备注
1.1	阐述家具中常用的实木种类及特点	1. 学会与人合作，分工合理，发挥团队力量完成任务 2. 自主学习，主动思考，完成工作页上的内容 3. 阐述家具产品设计中常用的实木材料种类及特点 4. 区分不同实木材料的特性，弄清家具材料在产品设计中的作用，提升自身职业素质 5. 培养自己分析问题、解决问题的能力 6. 能够自主学习电子资源里的内容，扩展学习内容	
1.2	收集整理实木材料家具设计图片	1. 学会与人合作，分工合理，发挥团队力量完成任务 2. 确认收集的图片具有代表性，准确涵盖各类不同实木材料，合理利用各种资源进行资料收集，提升自身职业素质 3. 严格按照任务要求进行资料的收集与整理，学会信息收集、归纳、提炼的方法，使用合理的方法完成任务内容 4. 归类收集的家具结构图片，合理进行图片整理工作，以材料名来命名图片 5. 能够自主学习电子资源里的内容，扩展学习内容	
1.3	展示汇报实木家具材料应用图例	1. 学会与人合作，分工合理，发挥团队力量完成任务 2. 按照实木材料种类进行分类，完成图片资料整理，确定 PPT 内容的逻辑结构 3.PPT 制作过程中学会版式的设计方法，PPT 内容应该主题突出、逻辑清晰、版式美观，培养自己的创新精神 4.PPT 展示时注意语言的规范性、专业性，吐字清晰，语速适宜，能控制好汇报展示的时间，训练语言表达能力，提升自身职业素质 5. 能够自主学习电子资源里的内容，扩展学习内容	
1.4	任务评价	1. 根据学习任务评价表中的评分项目及要求，完成自主评分、小组评分 2. 完成学习任务 1 的个人总结，总结本任务的完成情况及成效，找出不足并提出改进措施，提升自身职业素养 3. 将学习任务评价表填写完整，与前面三个子任务的成果按任务要求一起提交给学习委员	

码 2-1 不同实木材料种类及特点

码 2-2 常用木材展示

码 2-3 实木家具图片展示

家具结构设计	学习单元二 学习任务 1	姓名：		
		班级：	学号：	日期：

1.1 阐述家具中常用的实木种类及特点

1.2 收集整理实木家具设计图片

以小组为单位从网上收集用各种不同木材设计制作成的家具图片，并按照不同木料分类整理。

1. 收集的图片应为高清图，1000 像素以上为宜，图片清晰无水印。
2. 收集图片时尽量从设计公司官网或相关论坛、素材网站收集，避免直接百度搜索。
3. 建议用电脑打开网页去收集图片，不要用手机保存图片，各种图片按照不同分类来存放。
4. 分类时图片名称用材料名命名，如“榆木 01.jpg”，以此类推。
5. 收集不同家具材料的设计图片时种类要齐全、准确。
6. 任务成果提交：每个小组提交收集的图片文件夹，文件夹以“小组成员姓名 +2–1 实木家具图片收集”来命名。

1.3 展示汇报实木家具材料应用图例

根据上一任务收集的家具图片，每个小组制作一份 PPT 文件，并在班级进行展示。

1. 汇报题目自拟，首页要包含小组成员姓名。
2. PPT 统一用宽屏，版式要整洁美观，可以自己设计也可以用 PPT 模板。
3. PPT 动画不要太复杂，重点突出内容，注意字体和字号，制作过程中养成随时保存的习惯。
4. 注意每页 PPT 的版式，最好图文结合，前后内容逻辑关系清晰。
5. 每组 PPT 展示时间控制在 5 分钟之内，语速适中，内容逻辑清晰、完整。
6. 任务成果提交：每个小组提交制作的 PPT 文件，文件名以“小组成员姓名 +2–1 实木家具图片展示”来命名。

1.4 任务评价

表 2-3 学习任务 1 评价表

评分项目			分值	评分要求	自评得分	小组评分	教师评分
综合素养	纪律情况（10 分）	不迟到、不早退，及时签到	5	违反三次不得分			
		学习用品准备齐全	5	用具不齐每次扣 2 分			
		执行教师指令	0	不服从管理扣 10—100 分			
	职业道德（15 分）	善于沟通，工作有计划，按时完成相关任务	5	没有按时完成任务，每次扣 2 分			
		场地、工作位干净整洁	5	养成好习惯，食物不进教室，发现一次扣 2 分			
		能与他人合作完成任务	5	各做各的作业，没有合作扣 2 分			
	综合能力（10 分）	积极思考问题、分析问题、解决问题的能力	5	能积极分析问题解决问题得 5 分			
		健康积极的工作态度、认真踏实的工作作风	5	工作态度好得 5 分			
核心技术	任务完成过程（30 分）	能准确了解任务要求	5	不按要求完成工作页扣 5 分			
		用专业词语回答问题，书写规范	5	用专业词语回答，规范性强得 5 分			
		创新能力体现	5	能体现创新思路的得 5 分			
		任务分工合理，成员间配合好	5	分工不合理，配合不好不得分			
		能合理利用各种资源为任务服务	10	不查阅相关资料的酌情扣 1—10 分			
	工作页提交或成果展示（20 分）	语言表达清晰准确	5	表达清晰准确得 1—5 分			
		内容完整、有逻辑	10	内容完整有逻辑得 1—5 分			
		追求完美，精益求精	5	精益求精得 5 分			
任务完成情况	按时按质完成（15 分）	按时提交工作页	5	不按时提交扣 5 分			
		字迹整洁、格式美观	5	格式美观，有设计感得 1—5 分			
		内容完成程度高，准确率高	5	完成度高，准确性高得 1—5 分			
得分合计							
总分（自评得分 ×20%+ 小组评分 ×30%+ 教师评分 ×50%）							
个人总结：请根据本次学习任务的完成情况，从个人综合素养提升、职业能力提升等方面进行小结。							
本人签字		组长签字		教师签字			

学习任务 2
榫卯结构

●建议学时：2 学时。

●任务描述：学习任务 2 主要有四个学习子任务，其中包含对学习任务 2 的评价，通过学习任务 2 明确主要任务和要求，按要求学习实木家具榫卯结构形式，具体任务及学习要求见表 2-4。

表 2-4 任务点及具体学习要求

序号	子任务内容	学习要求	备注
2.1	列举实木家具结构常用的接合方式	1. 自主学习，主动思考，完成工作页上的内容 2. 学会与人合作，分工合理，发挥团队力量完成任务 3. 总结实木家具产品的结构连接方式，用专业术语准确、完整地完成工作页内容，提升自身职业素质 4. 能够自主学习电子资源里的内容，扩展学习内容	
2.2	认识榫卯结构形式	1. 自主学习，主动思考，完成工作页上的内容 2. 学会与人合作，分工合理，发挥团队力量完成任务 3. 认识榫卯结构，能够描述榫结构各个部分的名称，能够区分不同榫卯结构形式 4. 能够准确理解榫结构的技术要求 5. 能够自主学习电子资源里的内容，扩展学习内容 6. 培养自己分析问题、解决问题的能力	
2.3	识别实木家具基本部件的结构	1. 自主学习，主动思考，完成工作页上的内容 2. 学会与人合作，分工合理，发挥团队力量完成任务 3. 能够分清不同家具部件的结构形式 4. 能使用专业术语准确表达工作页的内容，提升自身职业素质 5. 根据工作页的任务来指引自己的学习内容 6. 能够自主学习电子资源里的内容，扩展学习内容 7. 培养自己分析问题、解决问题的能力	
2.4	任务评价	1. 根据学习任务评价表上的评分项目及要求，完成自主评分、小组评分 2. 完成学习任务 2 的个人总结，总结本任务的完成情况及成效，找出不足并提出改进措施，提升自身职业素养 3. 将学习任务评价表填写完整，与前面三个子任务的成果按任务要求一起提交给学习委员	

码 2-4 实木家具的接合方式

码 2-5 榫卯结构

码 2-6 实木家具基本部件的结构

家具结构设计	学习单元二 学习任务 2	姓名：		
		班级：	学号：	日期：

2.1 列举实木家具结构常用的接合方式

____

____

____

____

2.2 认识榫卯结构形式

1. 什么是榫卯结构？

____

____

2. 请写出下图中榫结构各部分的名称。

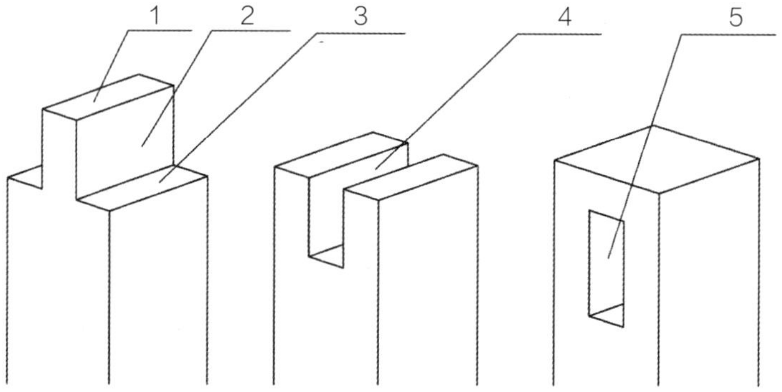

1______ 2______ 3______ 4______ 5______

3. 请写出下列榫的名称。

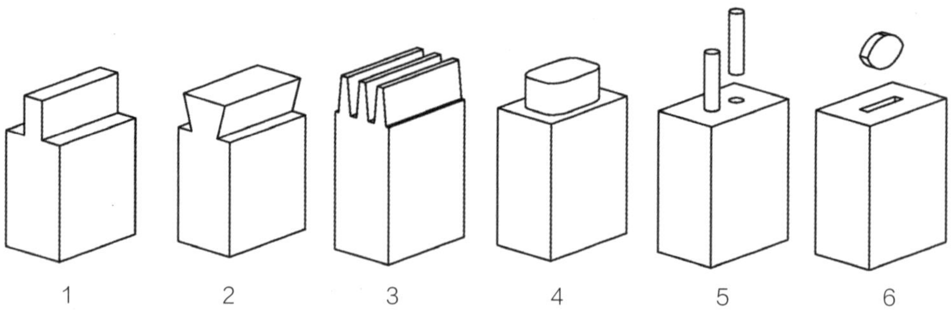

1______ 2______ 3______ 4______ 5______ 6______

4. 请写出下列榫结构的名称。

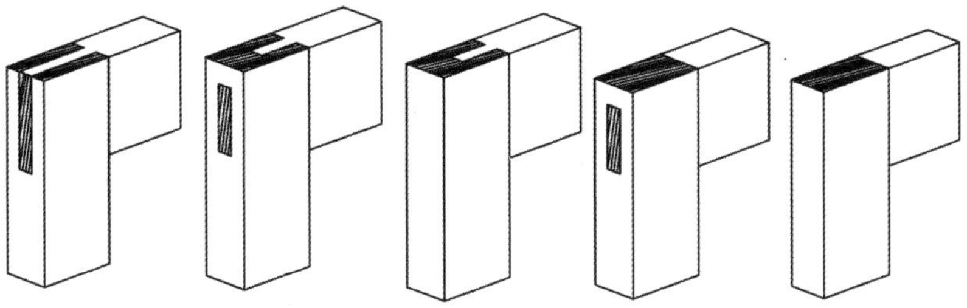

1______ 2______ 3______ 4______ 5______

5. 一般来说，榫头的宽度比榫眼长度大________—________mm 时接合强度最大，硬材取________mm，软材取________mm。

6. 一般按零件尺寸而定，为保证接合强度单榫的厚度（双榫的总厚度）接近方材厚度或宽度的________—________倍。

7. 当榫接合零件的断面超过________mm × ________mm 时，应采用双榫或多榫接合，以便提高接合强度。

8. 圆榫按表面状况的不同主要有________、________、________、________四种。

2.3 识别实木家具基本部件的结构

1. 将较窄的实木板拼接成所需宽度的板式部件称为拼板。试述拼板的主要方式有哪些。

2. 拼板部件为什么要进行镶端处理？常见的镶端处理方法有哪些？

3. 框架是框式家具的基本结构件，也是框式家具的受力构件，框式家具均由一系列的框架构成。下图为木质框架的基本结构，请写出下列部件的名称。

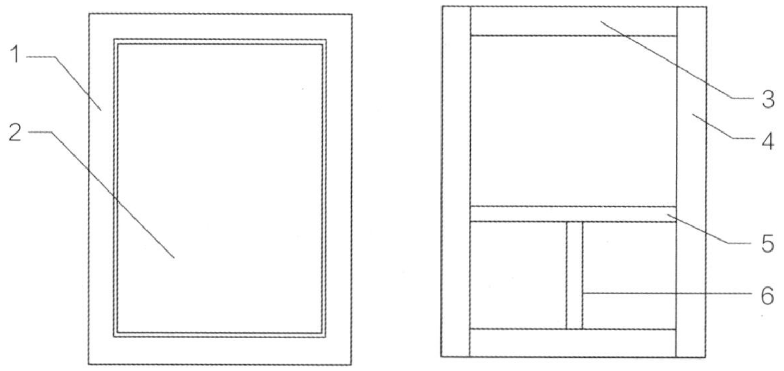

1________ 2________ 3________ 4________ 5________ 6________

4. 框架角部的接合方式根据框架立边与帽头的端面是否外露，可分为直角接合、斜角接合两种。请描述直角接合、斜角接合的区别。

____

____

____

____

____

5. 什么是嵌板？木框嵌板的方法有哪些？

____

____

____

____

____

____

6. 根据弯曲件的制造工艺不同，主要有____________弯曲件、____________弯曲件、____________弯曲件和____________弯曲等类型。

7. 锯制弯曲件的接合方法主要有哪些？

____

____

____

____

____

____

2.4 任务评价

表 2-5 学习任务 2 评价表

评分项目			分值	评分要求	自评得分	小组评分	教师评分
综合素养	纪律情况（10 分）	不迟到、不早退，及时签到	5	违反三次不得分			
		学习用品准备齐全	5	用具不齐每次扣 2 分			
		执行教师指令	0	不服从管理扣 10—100 分			
	职业道德（15 分）	善于沟通，工作有计划，按时完成相关任务	5	没有按时完成任务，每次扣 2 分			
		场地、工作位干净整洁	5	养成好习惯，食物不进教室，发现一次扣 2 分			
		能与他人合作完成任务	5	各做各的作业，没有合作扣 2 分			
	综合能力（10 分）	积极思考问题、分析问题、解决问题的能力	5	能积极分析问题解决问题得 5 分			
		健康积极的工作态度、认真踏实的工作作风	5	工作态度好得 5 分			
核心技术	任务完成过程（30 分）	能准确了解任务要求	5	不按要求完成工作页扣 5 分			
		用专业词语回答问题，书写规范	5	用专业词语回答，规范性强得 5 分			
		创新能力体现	5	能体现创新思路的得 5 分			
		任务分工合理，成员间配合好	5	分工不合理，配合不好不得分			
		能合理利用各种资源为任务服务	10	不查阅相关资料的酌情扣 1—10 分			
	工作页提交或成果展示（20 分）	语言表达清晰准确	5	表达清晰准确得 1—5 分			
		内容完整、有逻辑	10	内容完整有逻辑得 1—5 分			
		追求完美，精益求精	5	精益求精得 5 分			
任务完成情况	按时按质完成（15 分）	按时提交工作页	5	不按时提交扣 5 分			
		字迹整洁、格式美观	5	格式美观，有设计感得 1—5 分			
		内容完成程度高，准确率高	5	完成度高，准确性高得 1—5 分			
得分合计							
总分（自评得分 ×20%+ 小组评分 ×30%+ 教师评分 ×50%）							
个人总结：请根据本次学习任务的完成情况，从个人综合素养提升、职业能力提升等方面进行小结。							

本人签字		组长签字		教师签字	

学习任务 3
绘制并展示 120 种榫卯结构示意图

●建议学时：6 学时。

●任务描述：学习任务 3 主要有三个学习子任务，其中包含对学习任务 3 的评价，通过学习任务 3 明确主要任务和要求，按要求绘制并展示 120 种榫卯结构示意图，具体任务及学习要求见表 2–6。

表 2-6 任务点及具体学习要求

序号	子任务内容	学习要求	备注
3.1	绘制 120 种榫卯结构示意图	1. 自主学习，主动思考，完成工作页上的内容 2. 学会与人合作，分工合理，发挥团队力量完成任务 3. 能够用严谨的科学态度分析清楚 120 种榫卯结构的连接方式，看懂各种榫卯结构的内部接合方式 4. 能够使用计算机软件辅助认识榫卯接合，养成良好的绘图习惯，提升自身职业素质 5. 能够严格要求自己，精益求精，做到准确绘制榫卯结构示意图，做到部件与部件之间的连接能严丝合缝 6. 完成工作页的过程中学会思考，积累专业技能经验 7. 能够自主学习电子资源里的内容，扩展学习内容 8. 培养自己分析问题、解决问题的能力	
3.2	展示 120 种榫卯结构示意图	1. 自主学习，主动思考，完成工作页上的内容 2. 学会与人合作，分工合理，发挥团队力量完成任务 3. 在展示结构示意图的过程中学会如何调整软件相关参数，提升自身职业技能 4. 以高标准来要求自己，将自己团队的成果以最好的方式展示出来，培养自己的创新精神	
3.3	任务评价	1. 根据学习任务评价表中的评分项目及要求，完成自主评分、小组评分 2. 完成学习任务 3 的个人总结，总结本任务的完成情况及成效，找出不足并提出改进措施，提升自身职业素养 3. 将学习任务评价表填写完整，与前面两个子任务的成果按任务要求一起提交给学习委员	

码 2–7 120 种榫卯结构示意图

<table>
<tr><td rowspan="2">家具结构设计</td><td rowspan="2">学习单元二
学习任务 3</td><td colspan="3">姓名：</td></tr>
<tr><td>班级：</td><td>学号：</td><td>日期：</td></tr>
</table>

3.1 绘制 120 种榫卯结构示意图

以小组为单位完成 120 种榫卯结构示意图的绘制。

1. 分组完成本次任务，2—3 人一组，组长将任务分至小组成员。

2. 先看懂榫卯结构的连接方式，再使用 SketchUp（草图大师）软件进行绘制，每个人做的榫卯结构都统一放至一个 skp 文件里。

3. 要求规范、美观、准确，注意各部件的比例关系，绘制好的榫卯结构摆放整齐。

4. 结构中每个部件绘制完成后都要做成群组或组件，养成良好的绘图习惯。

5. 全部绘制完成后，在同一个文件里复制一份榫卯结构模型，原图用来展示整体结构图，复制出来的图形将结构拆分开用来展示内部结构及部件样式。

6. 绘制榫卯结构时要精益求精，注意部件结构之间的准确衔接，部件与部件之间连接要严丝合缝。

7. 在绘制榫卯结构示意图的过程中注意总结方法和经验，最好能用快捷键进行绘图。

8. 文件保存时保存为低版本，建议保存成 2020 版或以下版本，绘图过程中养成随时保存的习惯。

9. 任务成果提交：最终提交所有榫卯结构的 skp 源文件，文件以“小组成员姓名 +2-3 榫卯结构示意图”来命名。

3.2 展示 120 种榫卯结构示意图

以小组为单位完成 120 种榫卯结构示意图的展示。

1. 完成 120 种榫卯结构示意图的模型绘制后，赋予榫卯结构部件不同的材质或颜色，以外形美观、结构清晰为基本原则。

2. 调整草图大师里的“样式”选项，将“轮廓线”数值调至合适的大小，背景颜色调成白色。

3. 将 skp 文件导出 jpg 格式的图片，导出时注意将相机里的透视模式改为平行投影模式，将图形大小及榫卯结构角度调至合适的大小和方向，分辨率调至 3000 以上，导出的每个榫卯结构图片用结构名称来命名，如“燕尾榫结构 01.jpg”。

4. 榫卯结构图导出 jpg 图片时要一个一个导出，在画面里只能出现要导出的榫卯结构图形，不能出现其他榫卯结构图形。

5. 任务成果提交：最终提交所有榫卯结构的 jpg 图片，图片统一放到一个文件夹内，文件夹以“小组成员姓名 +2-3 榫卯结构示意图”来命名。

3.3 任务评价

表 2-7 学习任务 3 评价表

评分项目			分值	评分要求	自评得分	小组评分	教师评分
综合素养	纪律情况（10 分）	不迟到、不早退，及时签到	5	违反三次不得分			
		学习用品准备齐全	5	用具不齐每次扣 2 分			
		执行教师指令	0	不服从管理扣 10—100 分			
	职业道德（15 分）	善于沟通，工作有计划，按时完成相关任务	5	没有按时完成任务，每次扣 2 分			
		场地、工作位干净整洁	5	养成好习惯，食物不进教室，发现一次扣 2 分			
		能与他人合作完成任务	5	各做各的作业，没有合作扣 2 分			
	综合能力（10 分）	积极思考问题、分析问题、解决问题的能力	5	能积极分析问题解决问题得 5 分			
		健康积极的工作态度、认真踏实的工作作风	5	工作态度好得 5 分			
核心技术	任务完成过程（30 分）	能准确了解任务要求	5	不按要求完成工作页扣 5 分			
		用专业词语回答问题，书写规范	5	用专业词语回答，规范性强得 5 分			
		创新能力体现	5	能体现创新思路的得 5 分			
		任务分工合理，成员间配合好	5	分工不合理，配合不好不得分			
		能合理利用各种资源为任务服务	10	不查阅相关资料的酌情扣 1—10 分			
	工作页提交或成果展示（20 分）	语言表达清晰准确	5	表达清晰准确得 1—5 分			
		内容完整、有逻辑	10	内容完整有逻辑得 1—5 分			
		追求完美，精益求精	5	精益求精得 5 分			
任务完成情况	按时按质完成（15 分）	按时提交工作页	5	不按时提交扣 5 分			
		字迹整洁、格式美观	5	格式美观，有设计感得 1—5 分			
		内容完成程度高，准确率高	5	完成度高，准确性高得 1—5 分			
得分合计							
总分（自评得分 ×20%+ 小组评分 ×30%+ 教师评分 ×50%）							
个人总结：请根据本次学习任务的完成情况，从个人综合素养提升、职业能力提升等方面进行小结。							

本人签字		组长签字		教师签字	

学习任务4
学习家具制图规范及木结构绘制

●建议学时：4学时。

●任务描述：学习任务4主要有三个学习子任务，其中包含对学习任务4的评价，通过学习任务4明确主要任务和要求，学会家具制图标准和规范并绘制实木框架结构模型图，具体任务及学习要求见表2-8。

表2-8 任务点及具体学习要求

序号	子任务内容	学习要求	备注
4.1	学会榫卯结构图样表达	1. 自主学习，主动思考，完成工作页上的内容 2. 独立完成工作页的任务，团队之间能完成互评 3. 本任务主要训练家具制图规范，执行行业企业的标准，学会用严谨的科学态度绘制不同结构形式 4. 能够使用计算机软件辅助认识榫卯接合，养成良好的绘图习惯，提升自身职业素质 5. 训练 CAD 图纸绘制能力，能将 CAD 图纸导出为需要的格式文件 6. 培养自己分析问题、解决问题的能力	
4.2	绘制实木框架结构图	1. 自主学习，主动思考，完成工作页上的内容 2. 独立完成工作页的任务，团队之间能完成互评 3. 能够用严谨的科学态度分析清楚每个接合部分的榫卯结构方式，看懂不同榫卯结构的内部接合方式 4. 能够使用计算机软件辅助认识榫卯接合，养成良好的绘图习惯，提升自身职业素质 5. 能够严格要求自己，精益求精，做到准确绘制榫卯结构示意图，做到部件与部件之间的连接能严丝合缝 6. 完成工作页的过程中学会思考，积累专业技能经验 7. 培养自己分析问题、解决问题的能力	
4.3	任务评价	1. 根据学习任务评价表中的评分项目及要求，完成自主评分、小组评分 2. 完成学习任务4的个人总结，总结本任务的完成情况及成效，找出不足并提出改进措施，提升自身职业素养 3. 将学习任务评价表填写完整，与前面两个子任务的成果按任务要求一起提交给学习委员	

家具结构设计	学习单元二 学习任务 4	姓名：		
		班级：	学号：	日期：

4.1 学会榫卯结构图样表达

榫卯接合是实木家具结构中应用最普遍的不可拆连接结构。本任务主要是用 AutoCAD 软件绘制以下四种榫卯结构图纸，着重训练家具制图规范。

1. 按家具制图标准的规定，当画榫接合时，表示榫头横断面的视图上，榫端要涂以中间色，以显示榫头的形状类型和大小。也可以用一组平行细实线代替涂色，细实线数不少于三条。

2. 画榫接合时，木材的剖面符号尽可能用相交细实线，不用纹理表示，以保持图形清晰。

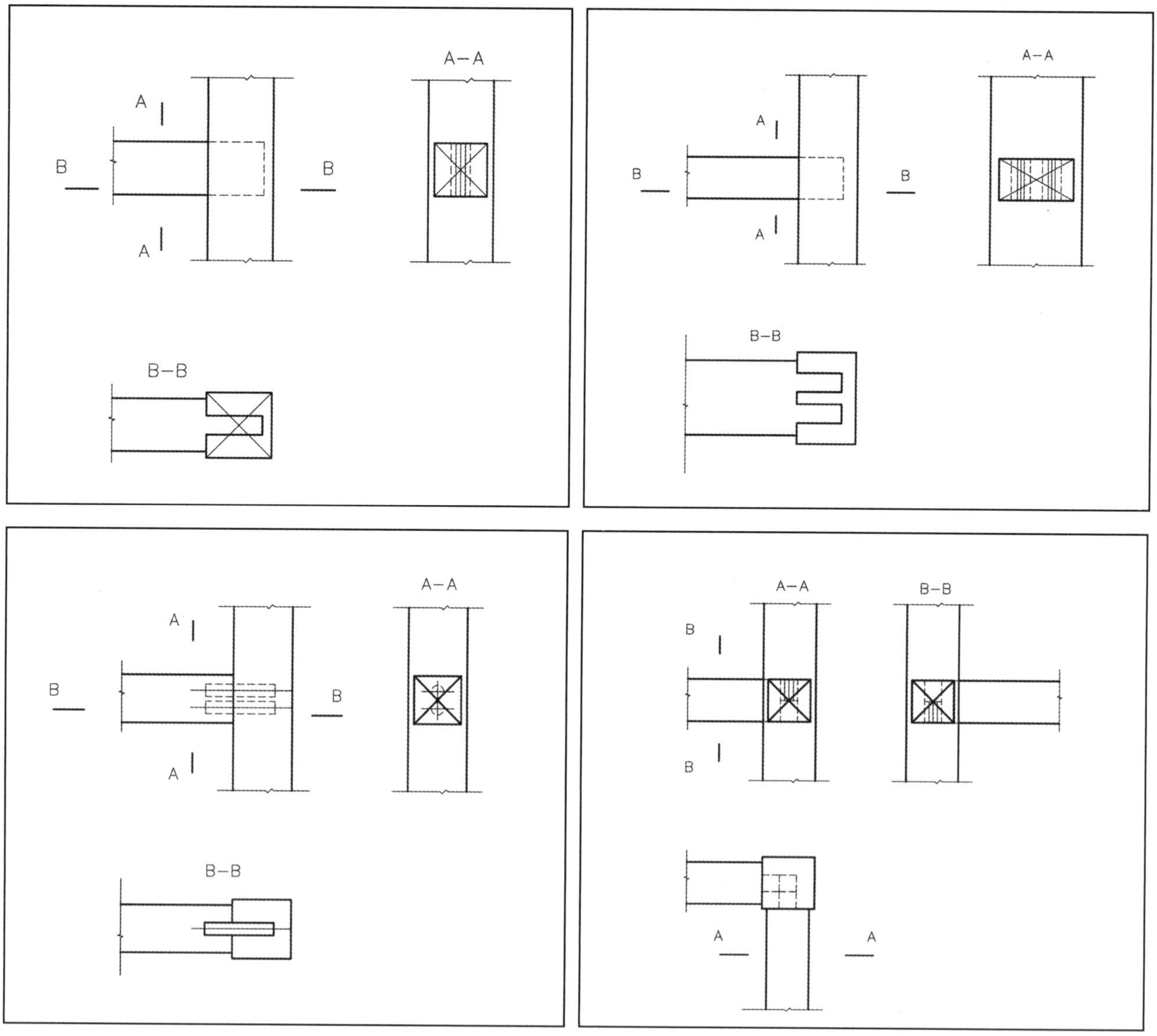

榫卯结构图样表达及制图规范

3. 用 AutoCAD 软件时注意图层设置、标注样式设置、剖面符号的位置、线宽及线型设置等方面。绘制完成后将四种榫卯结构图形摆放整齐，用线框框起来。

4. CAD 源文件保存成低版本，建议保存成 2010 版或以下版本，绘图过程中养成随时保存的习惯。

5. 图纸绘制完成后导出 PDF 文件，纸张尺寸为 A4，横向导出，打印样式调整至合理状态。

6. 根据导出的 PDF 文件检查图纸的规范性、准确性和美观性，有问题的地方返回源文件再次调整，重新导出。

7. 任务成果提交：提交 CAD 源文件和导出的 PDF 文件，文件名以“小组成员姓名 +2–4 榫卯结构制图规范”来命名。

4.2 绘制实木框架结构图

根据右面图片用草图大师绘制实木家具框架结构图。

1. 按照图片中的结构用草图大师将结构示意图绘制出来，注意部件之间的比例关系。

2. 实木框架中每个部件绘制完成后都要做成群组或组件，养成良好的绘图习惯。

3. 绘制榫卯结构时要精益求精，注意部件结构之间的准确衔接，部件与部件之间连接要严丝合缝。

4. 在绘制榫卯结构示意图的过程中注意总结方法和经验，能用快捷键进行绘图，文件保存时要保存成低版本，建议保存成 2020 版或以下版本。

5. 调整草图大师里的“样式”选项，将“轮廓线”数值调至合适的大小，背景颜色调成白色。

6. 将 skp 文件导出 jpg 格式的图片，导出时注意将相机里的透视模式改为平行投影模式，将图形大小及榫卯结构角度调至合适的大小和方向，分辨率调至 3000 以上。

7. 任务成果提交：最终提交木框架结构图的 skp 源文件和导出的 jpg 文件，文件均以“小组成员姓名 +2–4 实木框架结构图”来命名。

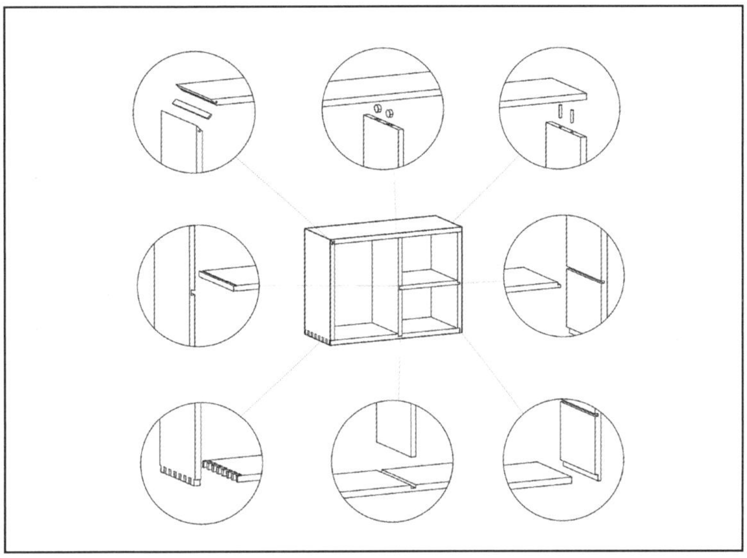

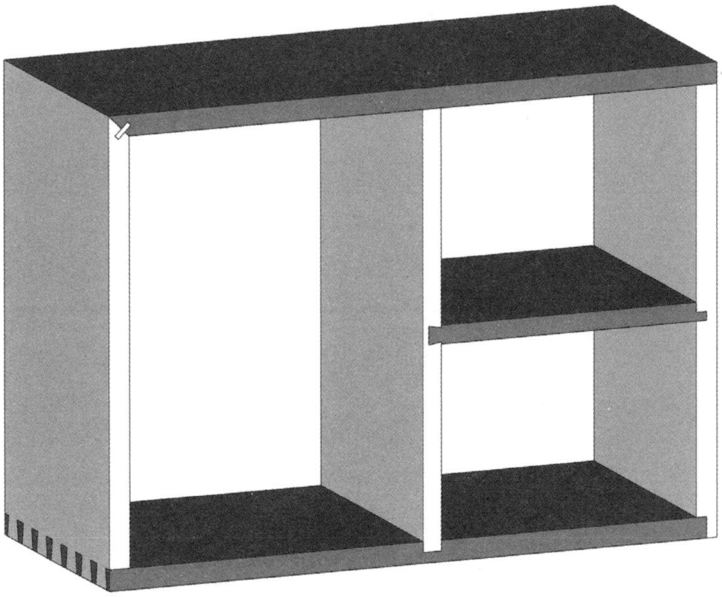

实木框架不同结构

4.3 任务评价

表 2-9 学习任务 4 评价表

评分项目			分值	评分要求	自评得分	小组评分	教师评分
综合素养	纪律情况（10 分）	不迟到、不早退，及时签到	5	违反三次不得分			
		学习用品准备齐全	5	用具不齐每次扣 2 分			
		执行教师指令	0	不服从管理扣 10—100 分			
	职业道德（15 分）	善于沟通，工作有计划，按时完成相关任务	5	没有按时完成任务，每次扣 2 分			
		场地、工作位干净整洁	5	养成好习惯，食物不进教室，发现一次扣 2 分			
		能与他人合作完成任务	5	各做各的作业，没有合作扣 2 分			
	综合能力（10 分）	积极思考问题、分析问题、解决问题的能力	5	能积极分析问题解决问题得 5 分			
		健康积极的工作态度、认真踏实的工作作风	5	工作态度好得 5 分			
核心技术	任务完成过程（30 分）	能准确了解任务要求	5	不按要求完成工作页扣 5 分			
		用专业词语回答问题，书写规范	5	用专业词语回答，规范性强得 5 分			
		创新能力体现	5	能体现创新思路的得 5 分			
		任务分工合理，成员间配合好	5	分工不合理，配合不好不得分			
		能合理利用各种资源为任务服务	10	不查阅相关资料的酌情扣 1—10 分			
	工作页提交或成果展示（20 分）	语言表达清晰准确	5	表达清晰准确得 1—5 分			
		内容完整、有逻辑	10	内容完整有逻辑得 1—5 分			
		追求完美，精益求精	5	精益求精得 5 分			
任务完成情况	按时按质完成（15 分）	按时提交工作页	5	不按时提交扣 5 分			
		字迹整洁、格式美观	5	格式美观，有设计感得 1—5 分			
		内容完成程度高，准确率高	5	完成度高，准确性高得 1—5 分			
得分合计							
总分（自评得分 ×20%+ 小组评分 ×30%+ 教师评分 ×50%）							
个人总结：请根据本次学习任务的完成情况，从个人综合素养提升、职业能力提升等方面进行小结。							

本人签字		组长签字		教师签字	

学习任务 5
绘制实木抽屉和实木门结构图纸

●建议学时：4 学时。

●任务描述：学习任务 5 主要有三个学习子任务，其中包含对学习任务 5 的评价，通过学习任务 5 明确主要任务和要求，完成实木抽屉和实木门的结构图纸绘制，具体任务及学习要求见表 2–10。

表 2–10 任务点及具体学习要求

序号	子任务内容	学习要求	备注
5.1	绘制实木抽屉结构图纸	1. 自主学习，主动思考，完成工作页上的内容 2. 学会与人合作，分工合理，发挥团队力量完成任务 3. 训练实木抽屉结构图纸的绘制规范，提升自身职业素质 4. 使用不同的计算机软件辅助学习内容，弄清抽屉结构连接及部件间相对位置关系，发挥计算机软件的优势 5. 能够严格要求自己，精益求精，保证榫卯结构的准确性和结构图纸的规范性 6. 培养自己分析问题、解决问题的能力	
5.2	绘制实木门结构图纸	1. 自主学习，主动思考，完成工作页上的内容 2. 学会与人合作，分工合理，发挥团队力量完成任务 3. 训练实木门结构图纸的绘制规范，提升自身职业素质 4. 使用不同的计算机软件辅助学习内容，弄清门板结构连接及部件间相对位置关系，发挥计算机软件的优势 5. 能够严格要求自己，精益求精，保证榫卯结构的准确性和结构图纸的规范性 6. 培养自己分析问题、解决问题的能力	
5.3	任务评价	1. 根据学习任务评价表中的评分项目及要求，完成自主评分、小组评分 2. 完成学习任务 5 的个人总结，总结本任务的完成情况及成效，找出不足并提出改进措施，提升自身职业素养 3. 将学习任务评价表填写完整，与前面两个子任务的成果按任务要求一起提交给学习委员	

家具结构设计	学习单元二 学习任务 5	姓名：		
		班级：	学号：	日期：

5.1 绘制实木抽屉结构图纸

自主寻找实木抽屉的图例，两人或三人一组绘制其结构图纸。

1. 先用草图大师绘制实木抽屉结构示意图，严格按照抽屉的实际尺寸进行绘制。每个部件绘制完成后都要做成群组或组件，养成良好的绘图习惯，文件保存时要保存为低版本，建议保存成 2020 版或以下版本。

2. 绘制实木抽屉结构时要精益求精，注意部件结构之间的准确衔接，部件与部件之间连接要严丝合缝。

3. 在绘制榫卯结构示意图的过程中注意总结方法和经验，能用快捷键进行绘图。

4. 调整草图大师里的“样式”选项，将“轮廓线”数值调至合适的大小，背景颜色调成白色。

5. 完成上述任务后，再用 AutoCAD 软件绘制实木抽屉的图纸，绘制完成后将每个部件的图纸摆放整齐，用给定的 CAD 图框框起来，并修改标题栏的各项内容，整个过程要细心仔细，不要放过任何一个细节。

6. 注意图层设置、标注样式设置、线宽及线型设置等方面，绘图过程中使用快捷键绘图，文件保存为低版本，建议保存成 2010 版或以下版本。

7. CAD 图纸包含实木抽屉整体三视图及每个部件的结构图纸，部件的结构图纸最少要使用两个视图来表现。一个部件的图纸放在一个图框里。

8. 所有 CAD 图纸绘制完成后导出 PDF 文件，纸张尺寸为 A4，横向导出，打印样式调整至合理状态，所有导出的 PDF 文件最后都要在一个 PDF 文件里面。

9. 根据导出的 PDF 文件检查图纸的规范性、准确性和美观性，有问题的地方返回源文件再次调整，重新导出。

10. 任务成果提交：提交实木抽屉结构图的 skp 源文件，文件以“小组成员姓名 +2–5 实木抽屉结构图纸”来命名。提交 CAD 源文件和导出的 PDF 文件，文件名均以“小组成员姓名 +2–5 实木抽屉结构图纸”来命名。

■实木抽屉图例参考

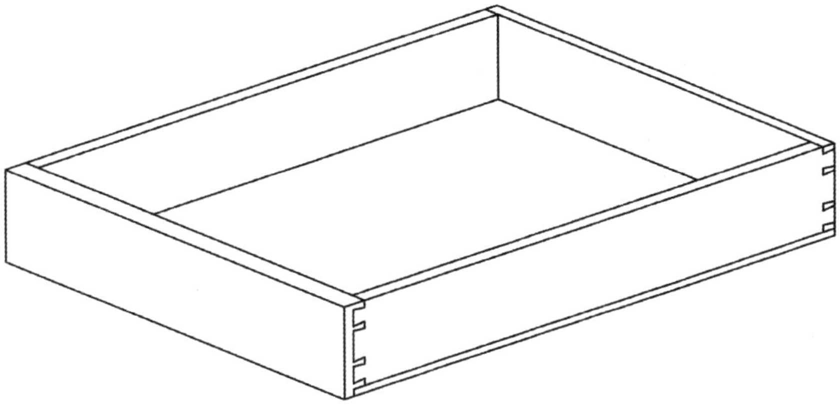

产品名称	实木抽屉
规格	L330×W428×H65
图纸名称	抽屉轴测图
材质	实木
数量	1
比例	
单位	mm
其他说明	
日期	
作者	
页码	共7页 第1页

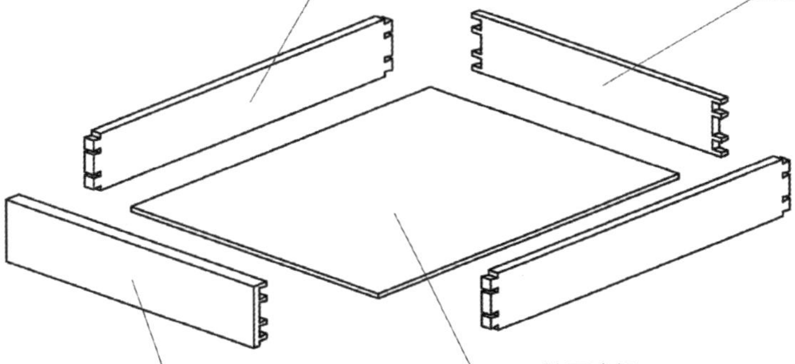

产品名称	实木抽屉
规格	L330×W428×H65
图纸名称	部件名称图
材质	实木
数量	1
比例	
单位	mm
其他说明	
日期	
作者	
页码	共7页 第2页

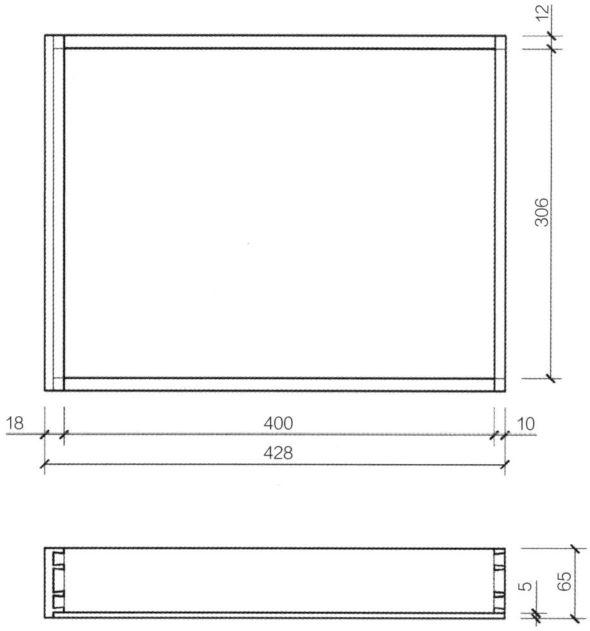

产品名称

实木抽屉

规格

L330×W428×H65

图纸名称

抽屉三视图

材质	实木
数量	1
比例	1 ：4
单位	mm

其他说明

日期

作者

页码

共 7 页
第 3 页

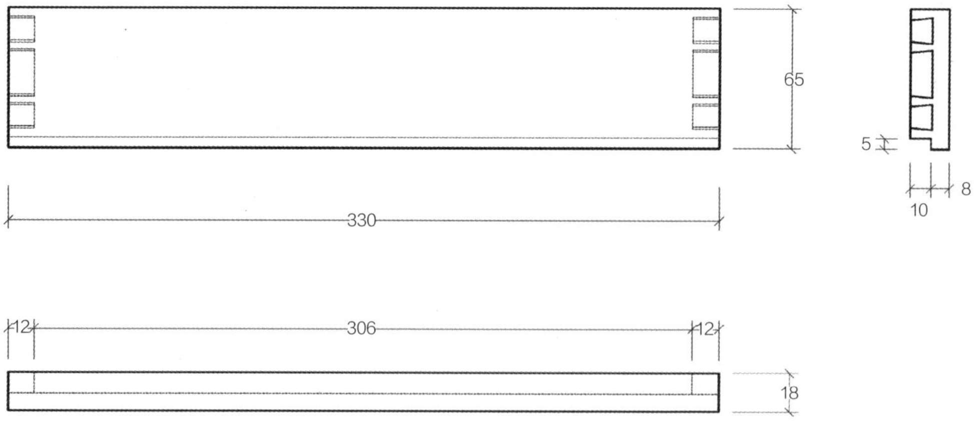

产品名称

实木抽屉

规格

L330×W428×H65

图纸名称

01 抽屉面板
330×65×18

材质	实木
数量	1
比例	1 ：2
单位	mm

其他说明

日期

作者

页码

共 7 页
第 4 页

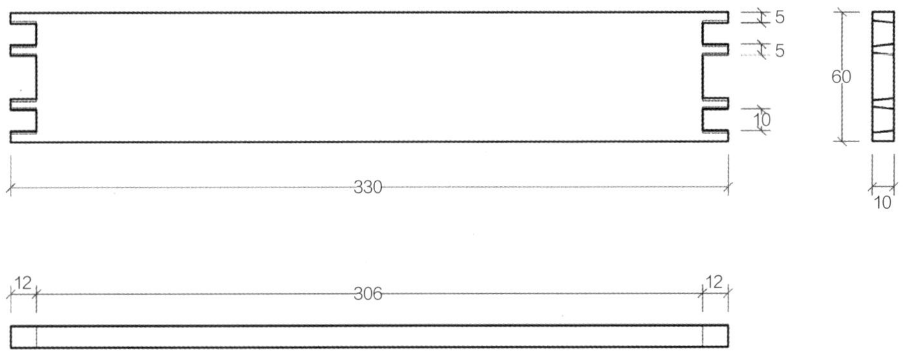

产品名称
实木抽屉

规格
L330 × W428 × H65

图纸名称
02 抽屉背板
330 × 60 × 10

材质	实木
数量	1
比例	1 ： 2
单位	mm

其他说明

日期

作者

页码
共 7 页
第 5 页

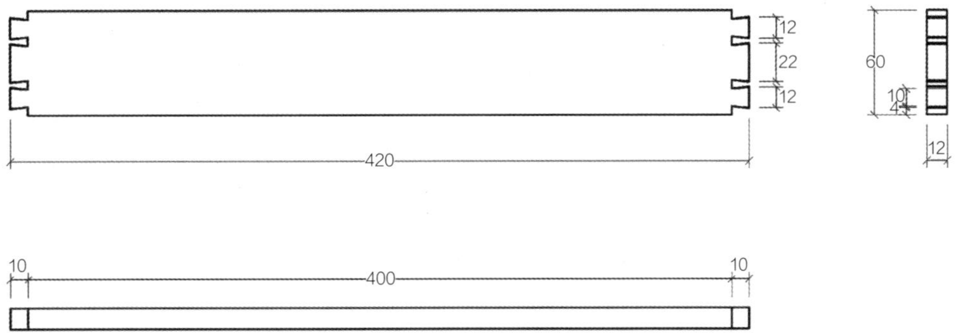

产品名称
实木抽屉

规格
L330 × W428 × H65

图纸名称
03 抽屉旁板
420 × 60 × 12

材质	实木
数量	1
比例	1 ： 3
单位	mm

其他说明

日期

作者

页码
共 7 页
第 6 页

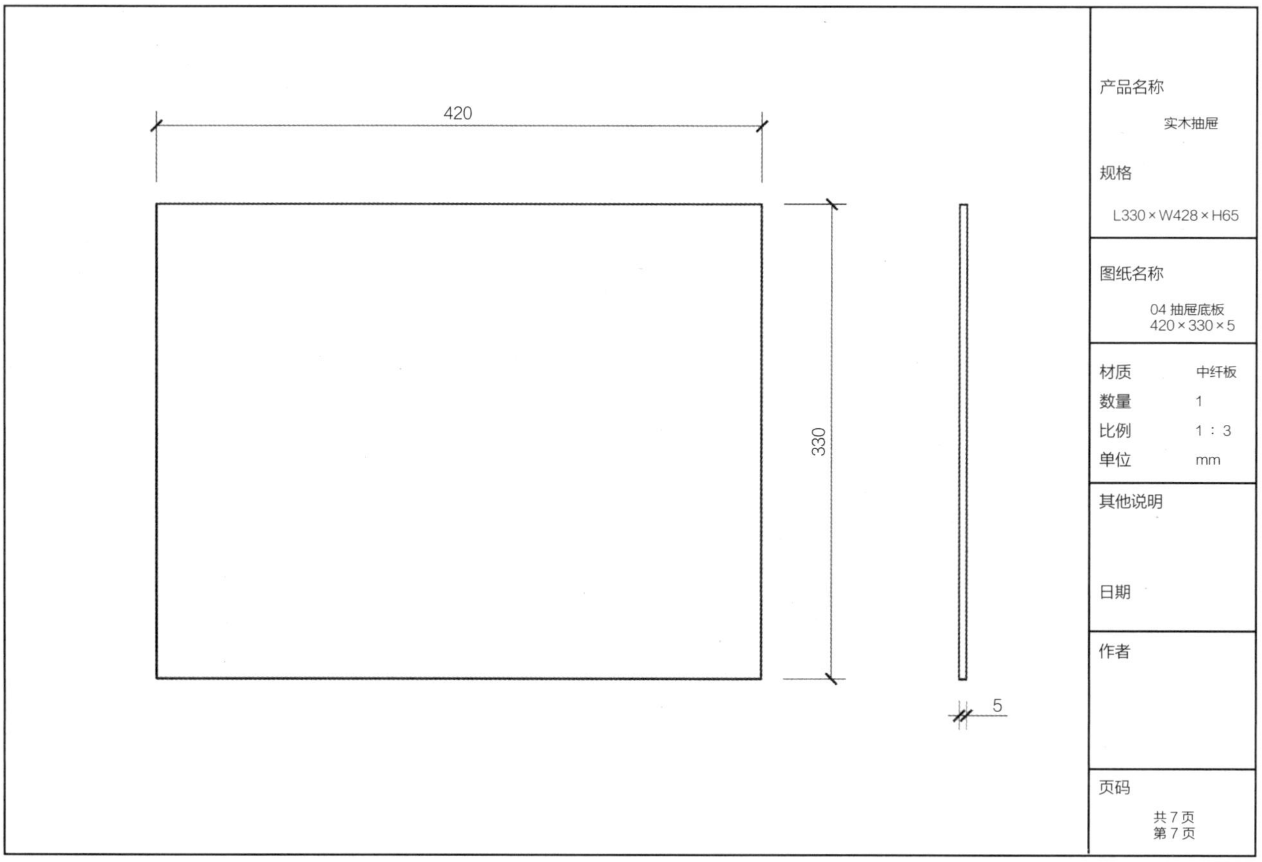

5.2 绘制实木门结构图纸

自主寻找实木门的图例，两人或三人一组绘制其结构图纸。

1. 先用草图大师绘制实木门结构示意图，严格按照门的实际尺寸进行绘制。每个部件绘制完成后都要做成群组或组件，养成良好的绘图习惯，文件保存时要保存成低版本，建议保存成 2020 版或以下版本。

2. 绘制实木门结构时要精益求精，注意部件结构之间的准确衔接，部件与部件之间连接要严丝合缝。

3. 在绘制榫卯结构示意图的过程中注意总结方法和经验，能用快捷键进行绘图。

4. 调整草图大师里的“样式”选项，将“轮廓线”数值调至合适的大小，背景颜色调成白色。

5. 完成上述任务后，再用 AutoCAD 软件绘制实木门的图纸，绘制完成后将每个部件的图纸摆放整齐，用给定的 CAD 图框框起来，并修改标题栏的各项内容，整个过程要细心仔细，不要放过任何一个细节。

6. 注意图层设置、标注样式设置、线宽及线型设置等方面，绘图过程中使用快捷键绘图，文件保存成低版本，建议保存成 2010 版或以下版本。

7. CAD 图纸包含实木门整体三视图及每个部件的结构图纸，部件的结构图纸最少要使用两个视图来表现。一个部件的图纸放在一个图框里。

8. 所有 CAD 图纸绘制完成后导出 PDF 文件，纸张尺寸为 A4，横向导出，打印样式调整至合理状态，所有导出的 PDF 文件最后都要在一个 PDF 文件里面。

9. 根据导出的 PDF 文件检查图纸的规范性、准确性和美观性，有问题的地方返回源文件再次调整，重新导出。

10. 任务成果提交：提交实木门结构图的 skp 源文件，文件以“小组成员姓名 +2–5 实木门结构图纸”来命名。提交 CAD 源文件和导出的 PDF 文件，文件名均以“小组成员姓名 +2–5 实木门结构图纸”来命名。

■实木门图例参考

产品名称
实木门
规格
L348 × W413 × H20
图纸名称
实木门轴测图
材质 实木
数量 1
比例
单位 mm
其他说明
日期
作者
页码
共 6 页
第 1 页

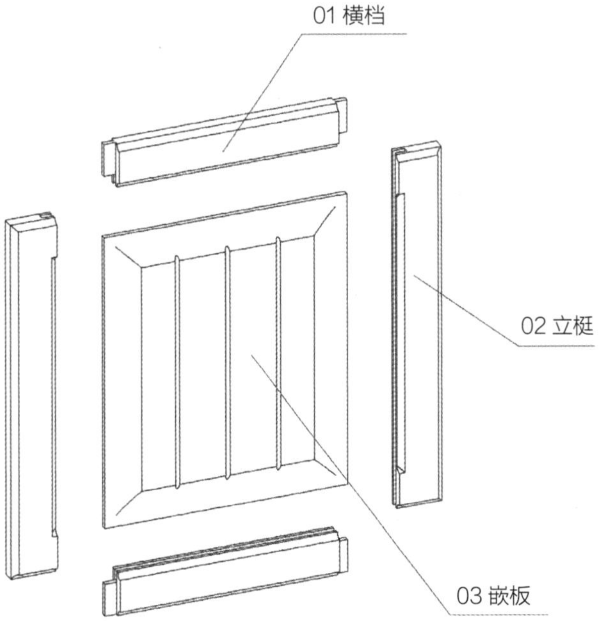

产品名称
实木门
规格
L348 × W413 × H20
图纸名称
部件名称图
材质 实木
数量 1
比例
单位 mm
其他说明
日期
作者
页码
共 6 页
第 2 页

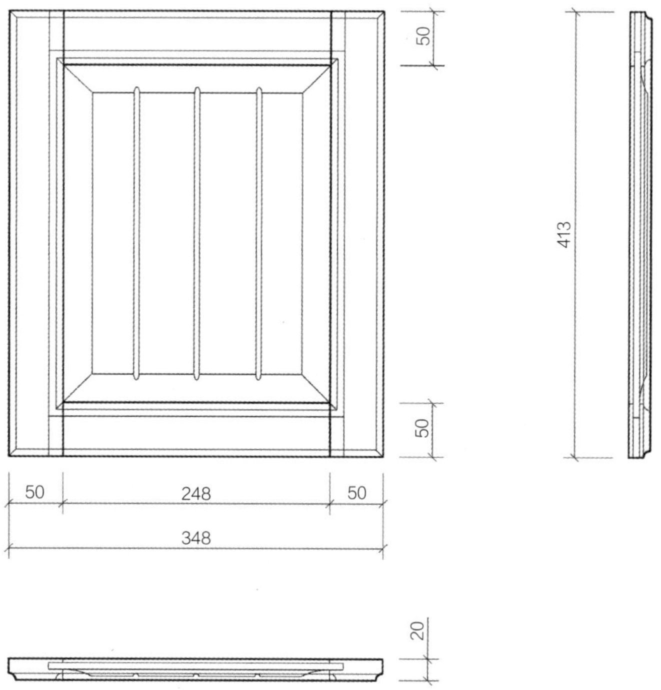

产品名称
实木门

规格
L348 × W413 × H20

图纸名称
实木门三视图

材质	实木
数量	1
比例	1 ： 4
单位	mm

其他说明

日期

作者

页码
共 6 页
第 3 页

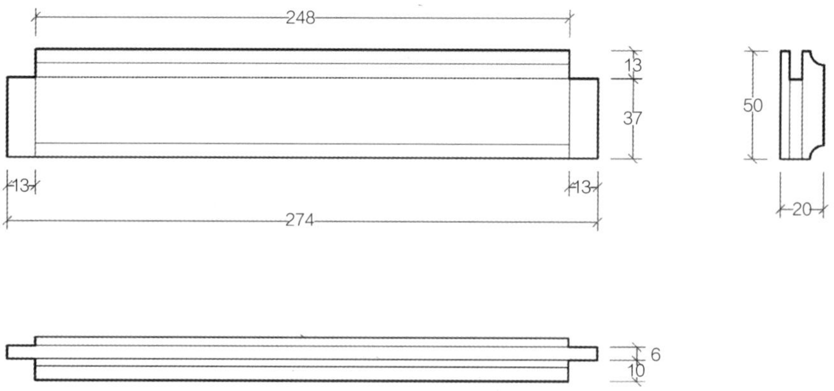

产品名称
实木门

规格
L348 × W413 × H20

图纸名称
01 横档
274 × 50 × 20

材质	实木
数量	1
比例	1 ： 2
单位	mm

其他说明

日期

作者

页码
共 6 页
第 4 页

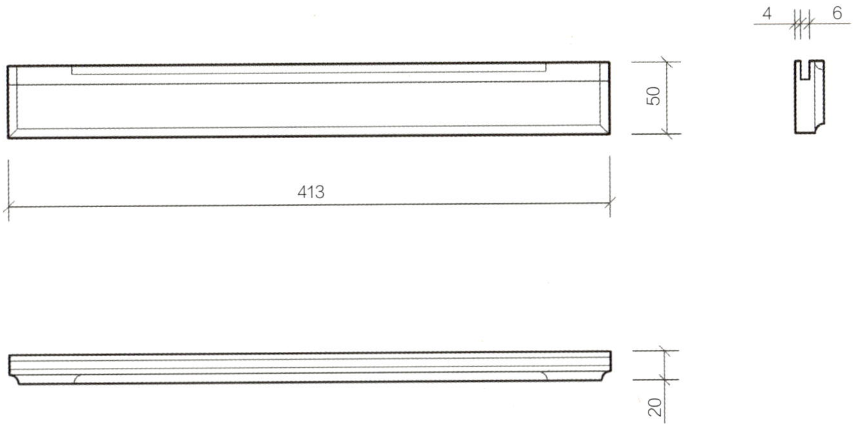

产品名称	实木门
规格	L348×W413×H20
图纸名称	02 立梃 413×50×20
材质	实木
数量	1
比例	1 ∶ 3
单位	mm
其他说明	
日期	
作者	
页码	共 6 页 第 5 页

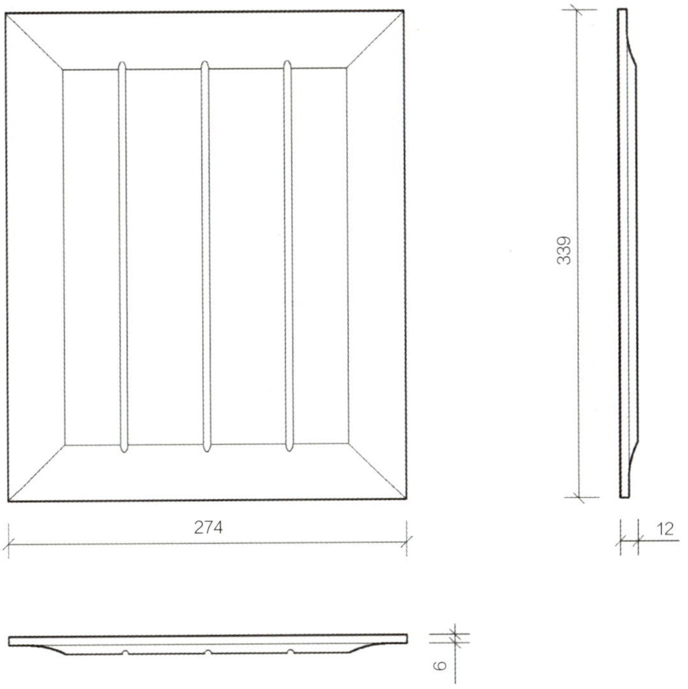

产品名称	实木门
规格	L348×W413×H20
图纸名称	03 嵌板 274×339×12
材质	实木
数量	1
比例	1 ∶ 3
单位	mm
其他说明	
日期	
作者	
页码	共 6 页 第 6 页

5.3 任务评价

表 2-11 学习任务 5 评价表

评分项目			分值	评分要求	自评得分	小组评分	教师评分
综合素养	纪律情况（10 分）	不迟到、不早退，及时签到	5	违反三次不得分			
		学习用品准备齐全	5	用具不齐每次扣 2 分			
		执行教师指令	0	不服从管理扣 10—100 分			
	职业道德（15 分）	善于沟通，工作有计划，按时完成相关任务	5	没有按时完成任务，每次扣 2 分			
		场地、工作位干净整洁	5	养成好习惯，食物不进教室，发现一次扣 2 分			
		能与他人合作完成任务	5	各做各的作业，没有合作扣 2 分			
	综合能力（10 分）	积极思考问题、分析问题、解决问题的能力	5	能积极分析问题解决问题得 5 分			
		健康积极的工作态度、认真踏实的工作作风	5	工作态度好得 5 分			
核心技术	任务完成过程（30 分）	能准确了解任务要求	5	不按要求完成工作页扣 5 分			
		用专业词语回答问题，书写规范	5	用专业词语回答，规范性强得 5 分			
		创新能力体现	5	能体现创新思路的得 5 分			
		任务分工合理，成员间配合好	5	分工不合理，配合不好不得分			
		能合理利用各种资源为任务服务	10	不查阅相关资料的酌情扣 1—10 分			
	工作页提交或成果展示（20 分）	语言表达清晰准确	5	表达清晰准确得 1—5 分			
		内容完整、有逻辑	10	内容完整有逻辑得 1—5 分			
		追求完美，精益求精	5	精益求精得 5 分			
任务完成情况	按时按质完成（15 分）	按时提交工作页	5	不按时提交扣 5 分			
		字迹整洁、格式美观	5	格式美观，有设计感得 1—5 分			
		内容完成程度高，准确率高	5	完成度高，准确性高得 1—5 分			
得分合计							
总分（自评得分 ×20%+ 小组评分 ×30%+ 教师评分 ×50%）							

个人总结：请根据本次学习任务的完成情况，从个人综合素养提升、职业能力提升等方面进行小结。

本人签字		组长签字		教师签字	

学习任务 6
实木家具结构案例及图例修改

●建议学时：4 学时。

●任务描述：学习任务 6 主要有四个学习子任务，其中包含对学习任务 6 的评价，通过学习任务 6 明确主要任务和要求，能看懂实木家具结构图纸的内容，学习中国传统家具中榫卯结构形式，掌握实木家具结构图纸的绘图规范和绘图方法，具体任务及学习要求见表 2-12。

表 2-12 任务点及具体学习要求

序号	子任务内容	学习要求	备注
6.1	看懂实木家具结构图纸的各项内容	1. 自主学习，主动思考，完成工作页上的内容 2. 学会与人合作，分工合理，发挥团队力量完成任务 3. 通过一套实木家具结构图纸案例来学习图纸绘制方法 4. 能够看懂每张图纸里面的内容，包括图纸里的线条、图框、文字、标注等 5. 通过看图得出结论，如结构图纸都包含哪些内容，有哪些注意事项等 6. 重点内容或有疑问的地方请在图纸上进行标记或批注 7. 培养自己分析问题、解决问题的能力	
6.2	读懂中国传统家具结构	1. 自主学习，主动思考，完成工作页上的内容 2. 学会与人合作，分工合理，发挥团队力量完成任务 3. 学习中国传统家具的结构形式，学习中国传统文化精粹，欣赏古人的智慧 4. 能够将中国传统家具结构形式进行分类 5. 学习优秀中国传统家具图纸的绘图案例，向大师学习 6. 重点内容或有疑问的地方请在图纸上进行标记或批注 7. 培养自己分析问题、解决问题的能力	
6.3	修改家具结构图样图	1. 自主学习、主动思考，完成工作页上的内容 2. 学会与人合作，分工合理，发挥团队力量完成任务 3. 结合前面两个任务的学习成果，找出本套图纸中不规范和错误的地方 4. 能发现问题，并且概括性地列出问题，为后续自己绘图打好基础，提升自身职业素质 5. 图纸中不规范或有错误的地方请在图纸上进行标记或批注 6. 培养自己分析问题、解决问题的能力	
6.4	任务评价	1. 根据学习任务评价表中的评分项目及要求，完成自主评分、小组评分 2. 完成学习任务 6 的个人总结，总结本任务的完成情况及成效，找出不足并提出改进措施，提升自身职业素养 3. 将学习任务评价表填写完整，与前面三个子任务的成果按任务要求一起提交给学习委员	

<table>
<tr><td rowspan="2">家具结构设计</td><td rowspan="2">学习单元二
学习任务 6</td><td colspan="3">姓名：</td></tr>
<tr><td>班级：</td><td>学号：</td><td>日期：</td></tr>
</table>

6.1 看懂实木家具结构图纸的各项内容

根据下面实木书架结构图纸实例，2—3 人一组，分析实木家具结构图纸都包含哪些内容？有哪些事项需要特别注意？请逐条列出，重点内容可以在图纸上进行标记或批注。

■实木书架结构图纸实例

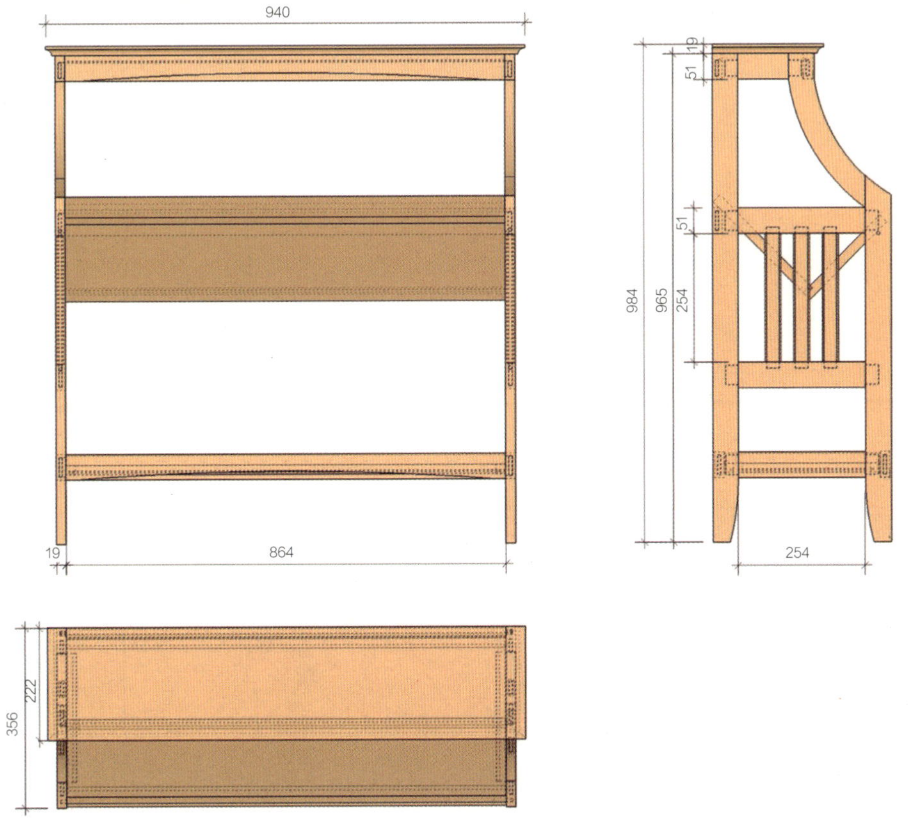

产品名称

书架

规格

L940×D356×H984

部件名称

书架三视图

材质 美国红橡

数量 1

比例

单位 mm

其他说明

日期

作者

页码

共 11 页
第 1 页

A01

产品名称	书架
规格	L940 × D356 × H984
部件名称	书架部件名称图
材质	美国红橡
数量	1
比例	
单位	mm
其他说明	
日期	
作者	
页码	共 11 页 第 2 页
A01	

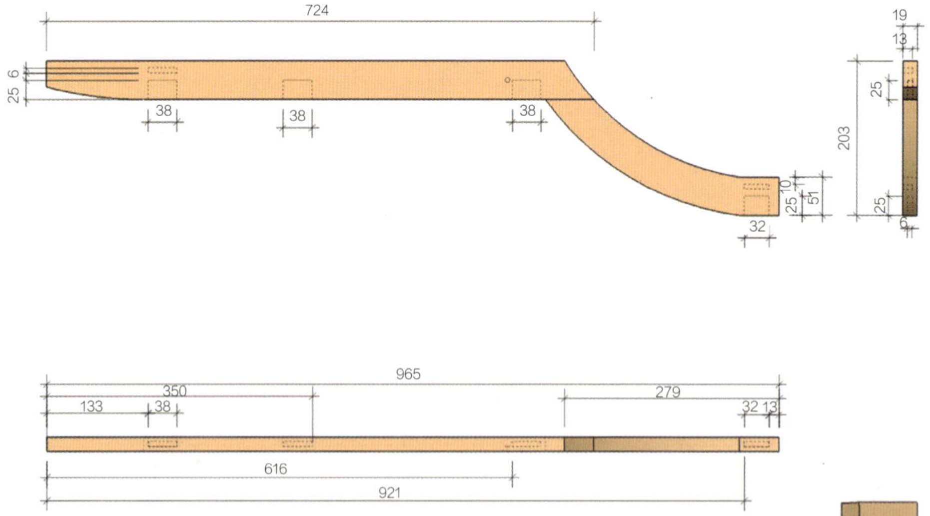

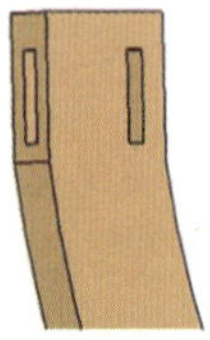

工艺技术要求：

榫头的厚度小于榫眼的宽度 0.1—0.2 mm，榫头的宽度大于榫眼的长度 0.5—1.0 mm，工件截面要求平整光滑，无崩口、毛刺，腿分左右加工。

产品名称	书架
规格	L940 × D356 × H984
部件名称	前腿
材质	美国红橡
数量	2
比例	1 ∶ 4
单位	mm
其他说明	
日期	
作者	
页码	共 11 页 第 3 页
A01	

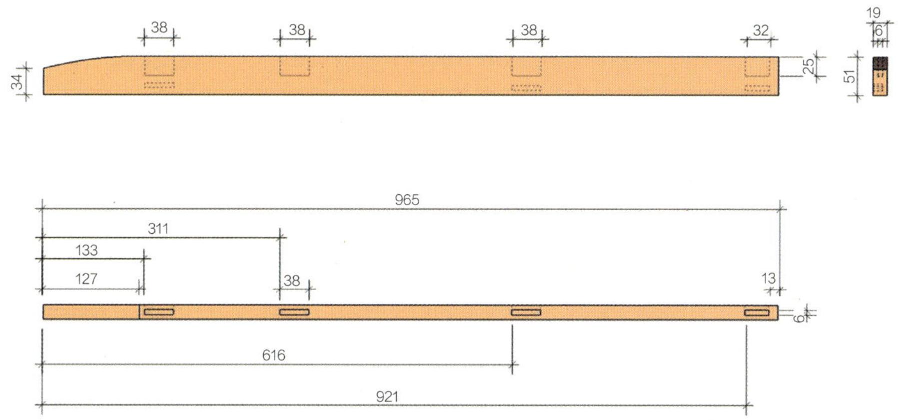

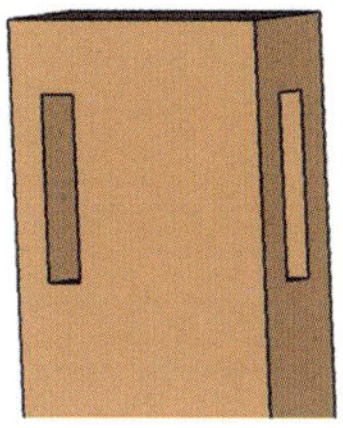

工艺技术要求：

榫头的厚度小于榫眼的宽度 0.1—0.2 mm，榫头的宽度大于榫眼的长度 0.5—1.0 mm，工件截面要求平整光滑，无崩口、毛刺，腿分左右加工。

产品名称	书架
规格	L940 × D356 × H984
部件名称	后腿
材质	美国红橡
数量	2
比例	1 ∶ 4
单位	mm
其他说明	
日期	
作者	
页码	共 11 页 第 4 页
A01	

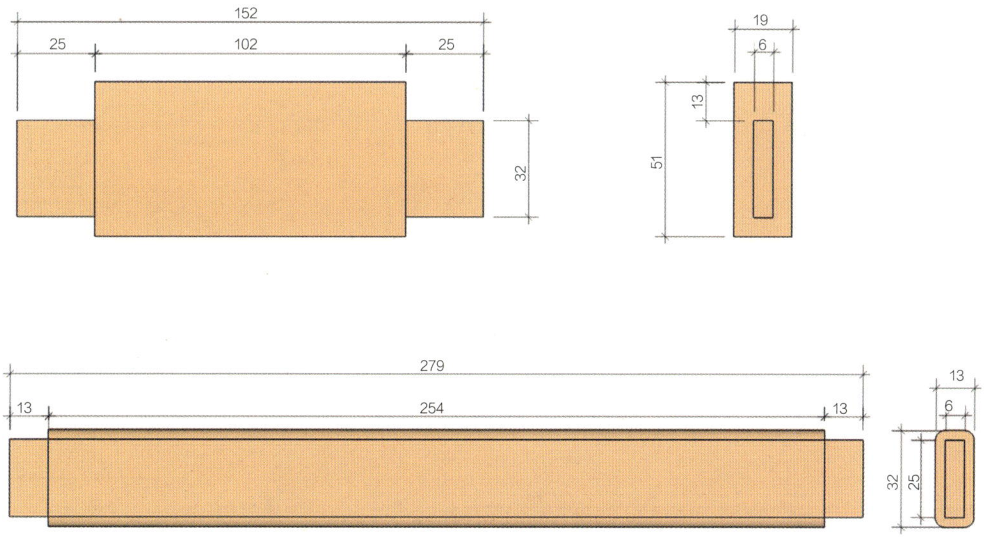

工艺技术要求：

榫头的厚度小于榫眼的宽度 0.1—0.2 mm，榫头的宽度大于榫眼的长度 0.5—1.0 mm，工件截面要求平整光滑，无崩口、毛刺，腿分左右加工。

产品名称	书架
规格	L940 × D356 × H984
部件名称	上横木 竖板条
材质	美国红橡
数量	2，6
比例	1 ∶ 1
单位	mm
其他说明	
日期	
作者	
页码	共 11 页 第 5 页
A01	

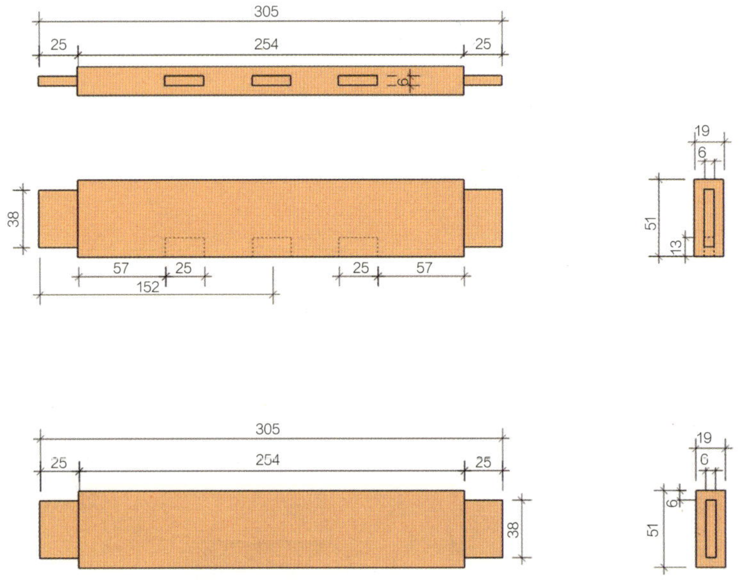

工艺技术要求：

榫头的厚度小于榫眼的宽度 0.1—0.2 mm，榫头的宽度大于榫眼的长度 0.5—1.0 mm，工件截面要求平整光滑，无崩口、毛刺，腿分左右加工。

产品名称
书架

规格
L940 × D356 × H984

部件名称
侧横木中、下

材质 美国红橡
数量 4，2
比例 1 : 2
单位 mm

其他说明

日期

作者

页码
共 11 页
第 6 页

A01

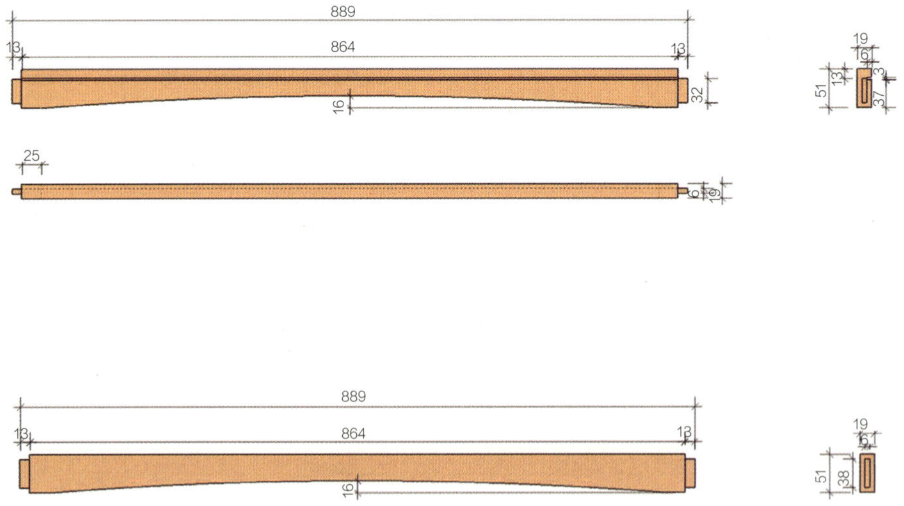

工艺技术要求：

榫头的厚度小于榫眼的宽度 0.1—0.2 mm，榫头的宽度大于榫眼的长度 0.5—1.0 mm，工件截面要求平整光滑，无崩口、毛刺，腿分左右加工。

产品名称
书架

规格
L940 × D356 × H984

部件名称
前上、下横条

材质 美国红橡
数量 1，1
比例 1 : 4
单位 mm

其他说明

日期

作者

页码
共 11 页
第 7 页

A01

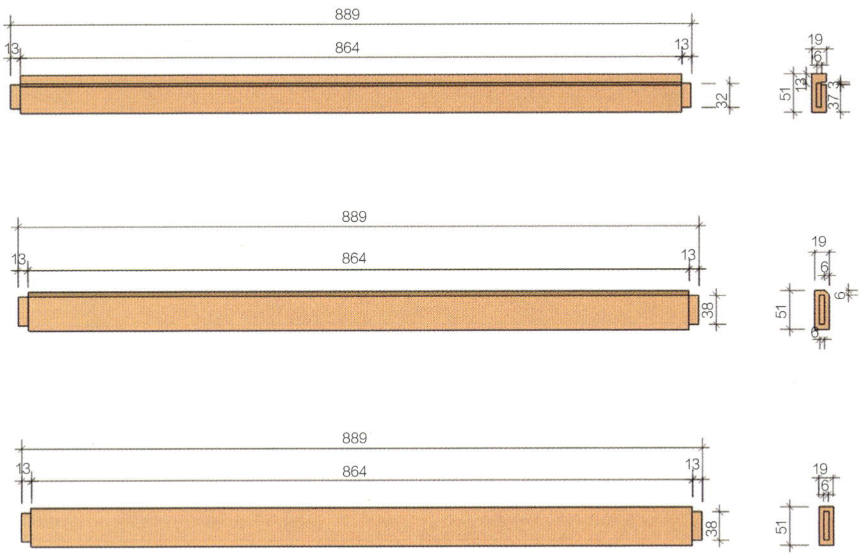

工艺技术要求：

榫头的厚度小于榫眼的宽度 0.1—0.2 mm，榫头的宽度大于榫眼的长度 0.5—1.0 mm，工件截面要求平整光滑，无崩口、毛刺，腿分左右加工。

产品名称
书架

规格
L940 × D356 × H984

部件名称
后上、中、下横条

材质 美国红橡
数量 1，1，1
比例 1 : 4
单位 mm

其他说明

日期

作者

页码
共 11 页
第 8 页

A01

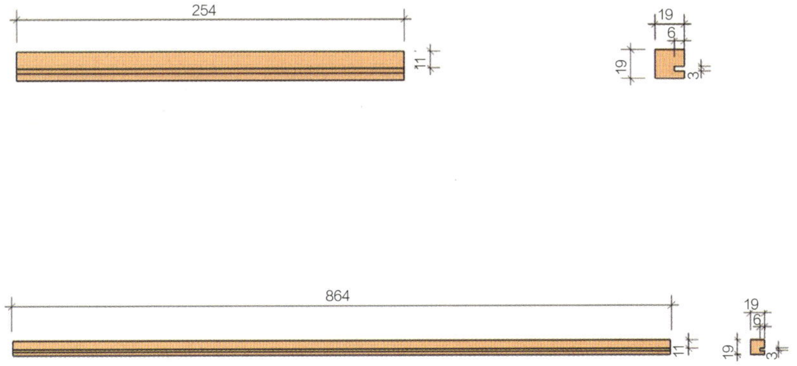

1 : 2

1 : 4

工艺技术要求：

榫头的厚度小于榫眼的宽度 0.1—0.2 mm，榫头的宽度大于榫眼的长度 0.5—1.0 mm，工件截面要求平整光滑，无崩口、毛刺，腿分左右加工。

产品名称
书架

规格
L940 × D356 × H984

部件名称
长、短夹板

材质 美国红橡
数量 2，2
比例
单位 mm

其他说明

日期

作者

页码
共 11 页
第 9 页

A01

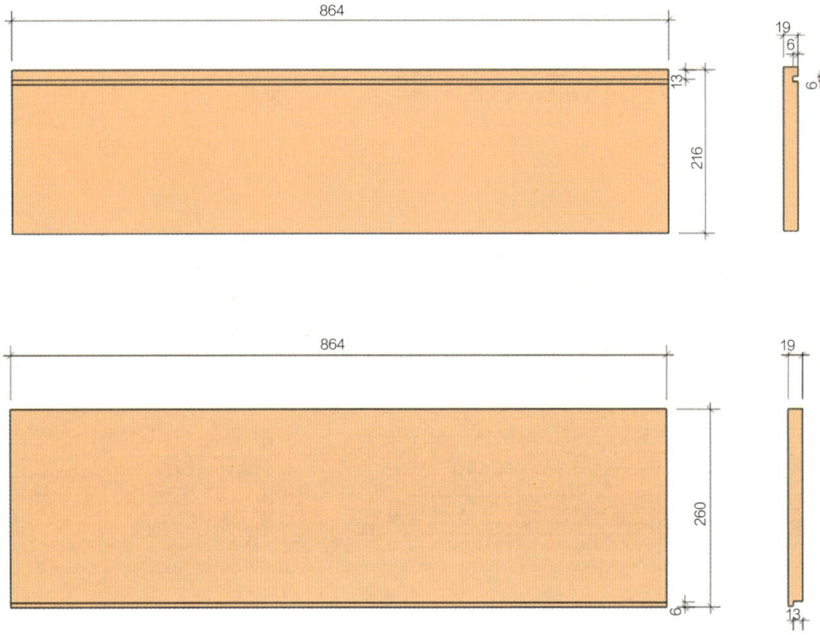

工艺技术要求：

榫头的厚度小于榫眼的宽度 0.1—0.2 mm，榫头的宽度大于榫眼的长度 0.5—1.0 mm，工件截面要求平整光滑，无崩口、毛刺，腿分左右加工。

产品名称 书架

规格 L940 × D356 × H984

部件名称 前、后斜板

材质 美国红橡

数量 1，1

比例 1 ：4

单位 mm

其他说明

日期

作者

页码 共 11 页 第 10 页

A01

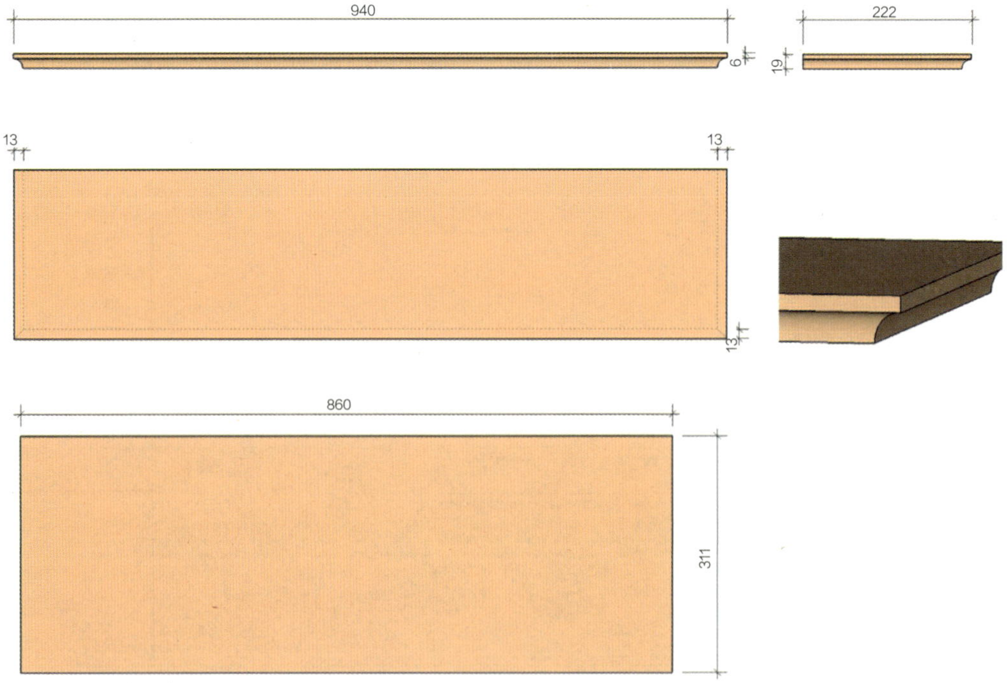

工艺技术要求：

榫头的厚度小于榫眼的宽度 0.1—0.2 mm，榫头的宽度大于榫眼的长度 0.5—1.0 mm，工件截面要求平整光滑，无崩口、毛刺，腿分左右加工。

产品名称 书架

规格 L940 × D356 × H984

部件名称 顶底板

材质 美国红橡

数量 1，1

比例 1 ：4

单位 mm

其他说明

日期

作者

页码 共 11 页 第 11 页

A01

6.2 读懂中国传统家具结构

根据下面中国传统家具结构图例，2—3 人一组，认真分析中国传统家具结构形式，学习中国传统家具中榫卯结构，总结传统家具中常用的榫卯结构种类，并详细列出。

■中国传统家具结构图例

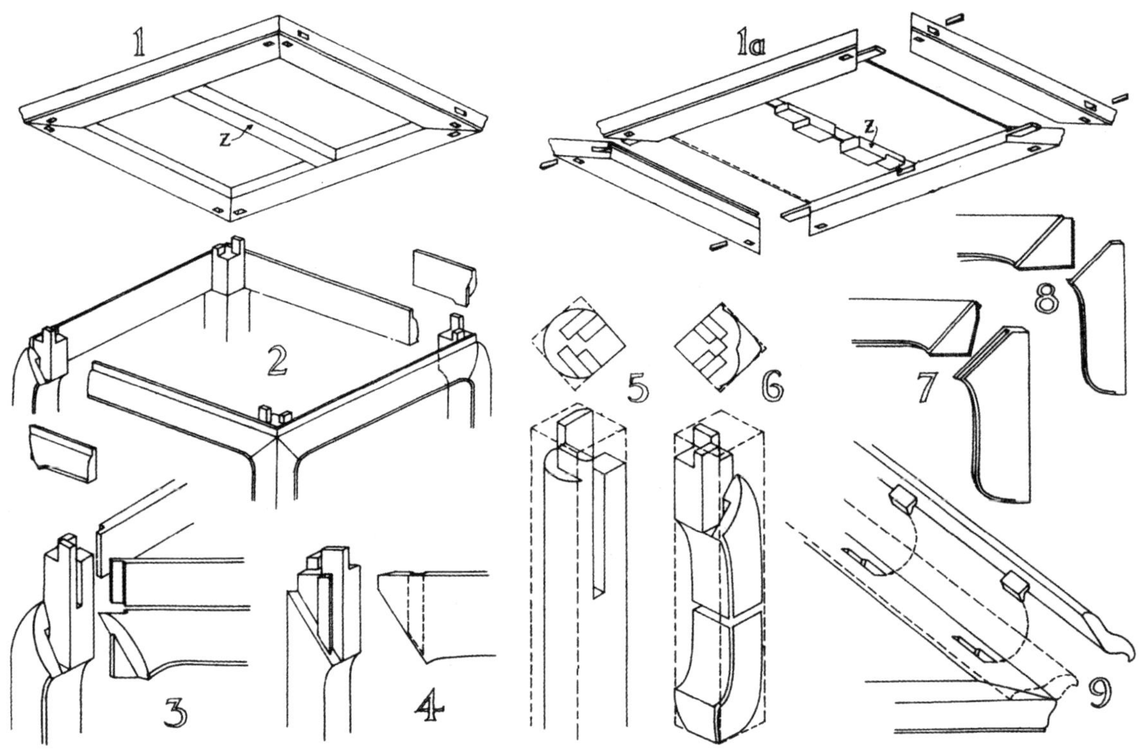

榫卯构造示意图（一）

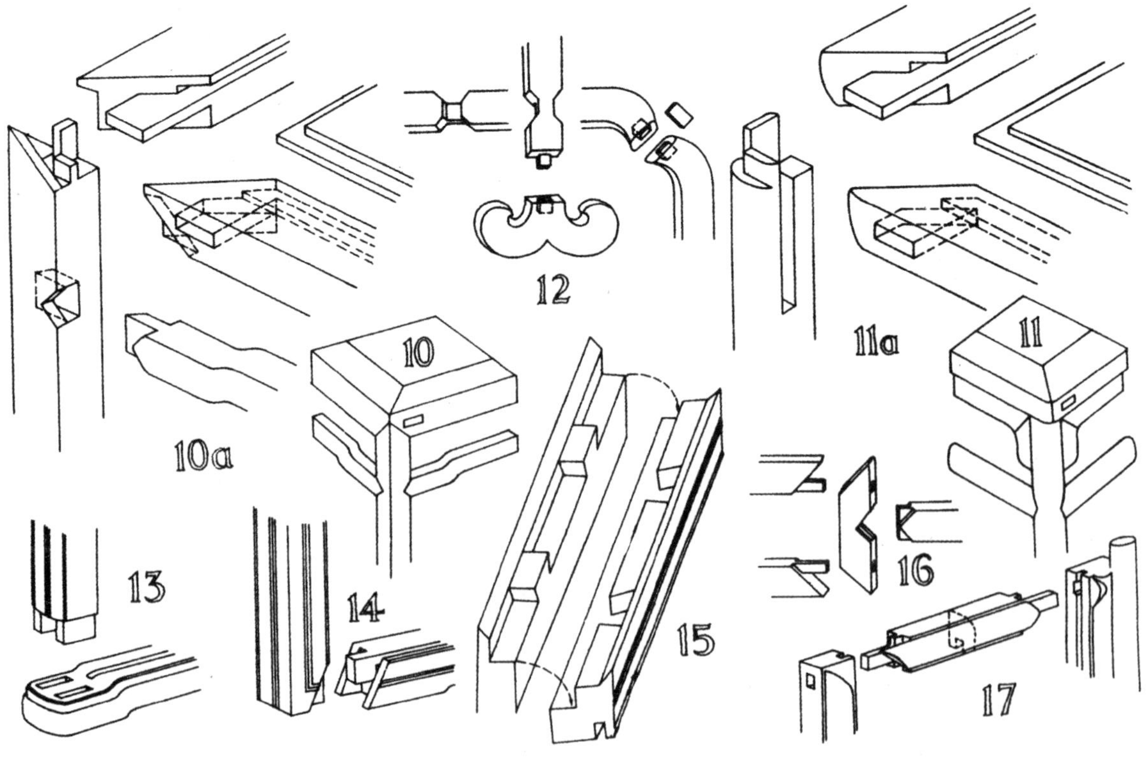

榫卯构造示意图（二）

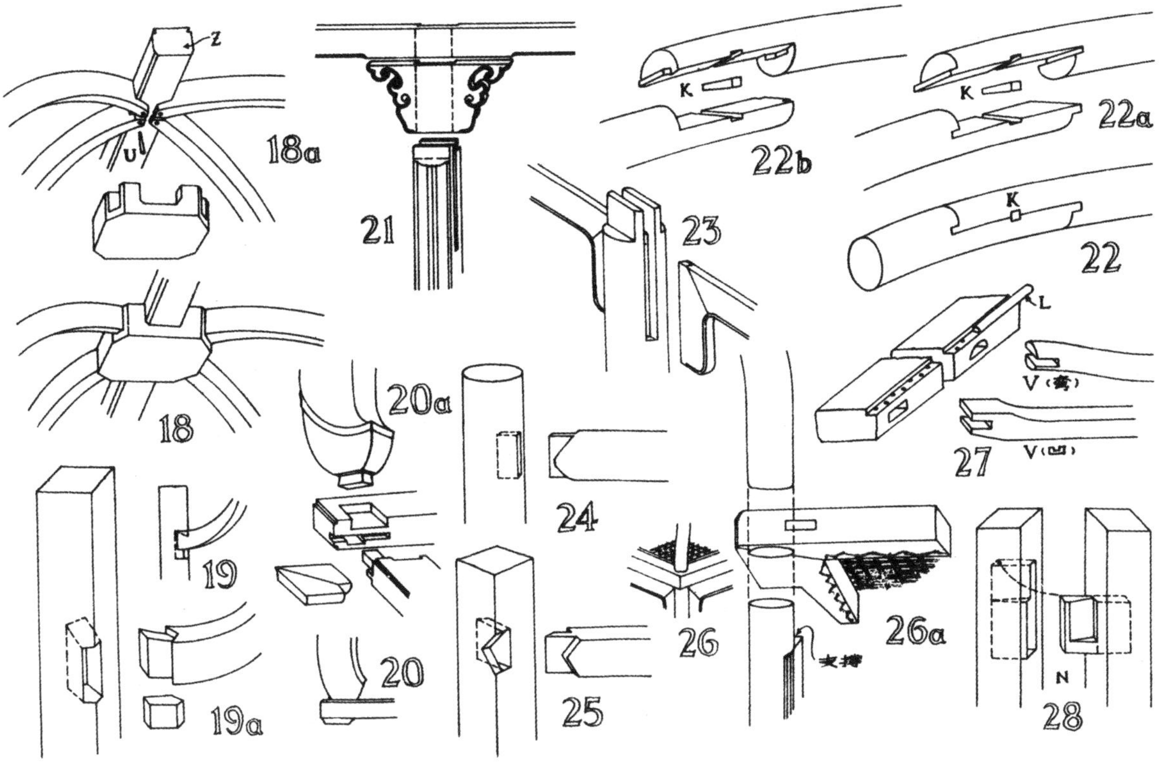

榫卯构造示意图（三）

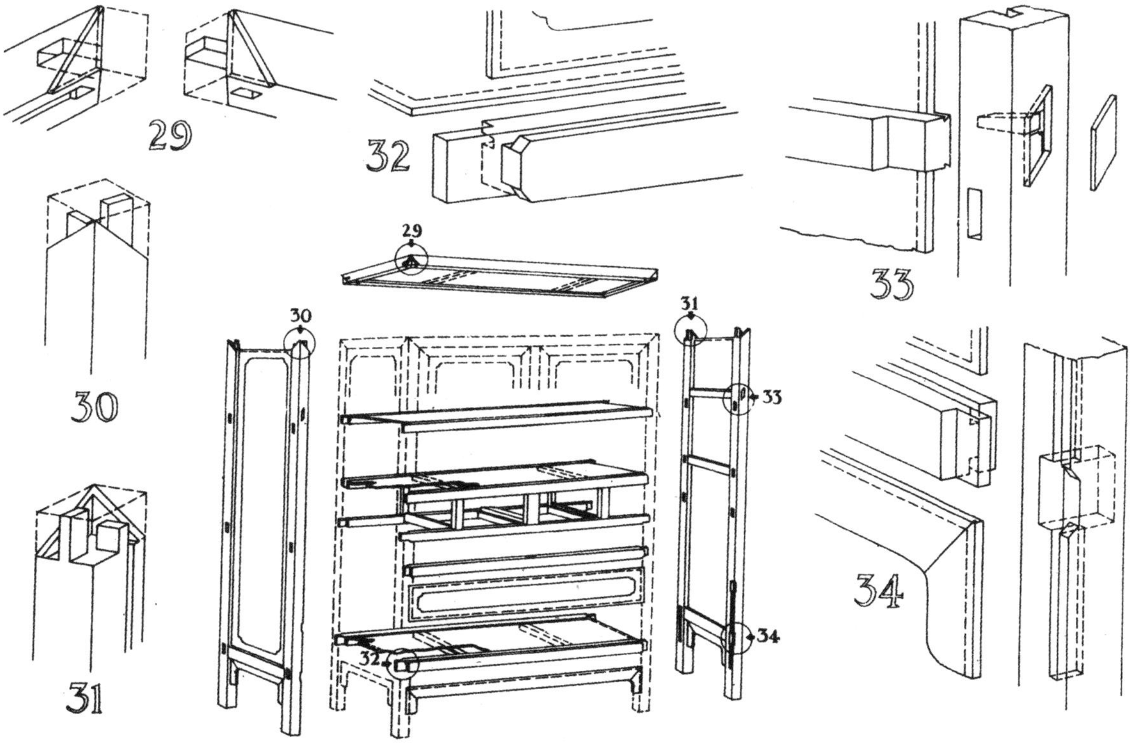

榫卯构造示意图（四）

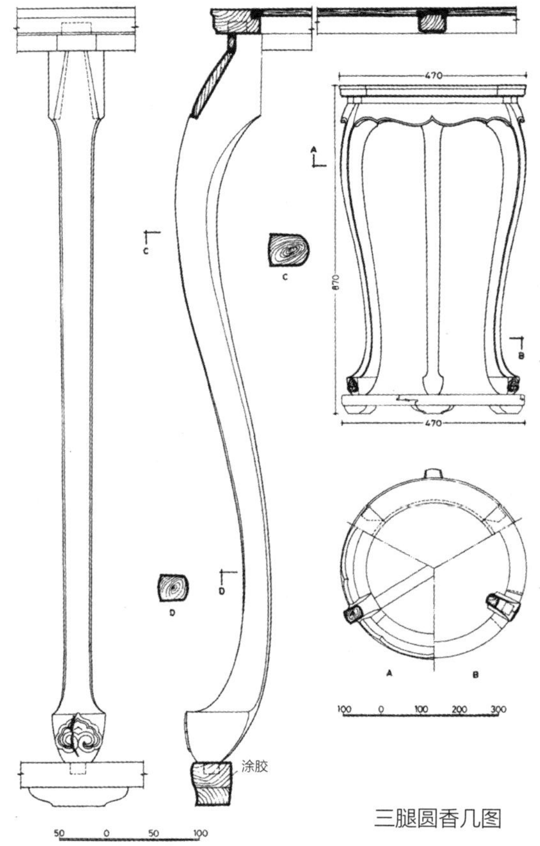

三腿圆香几图

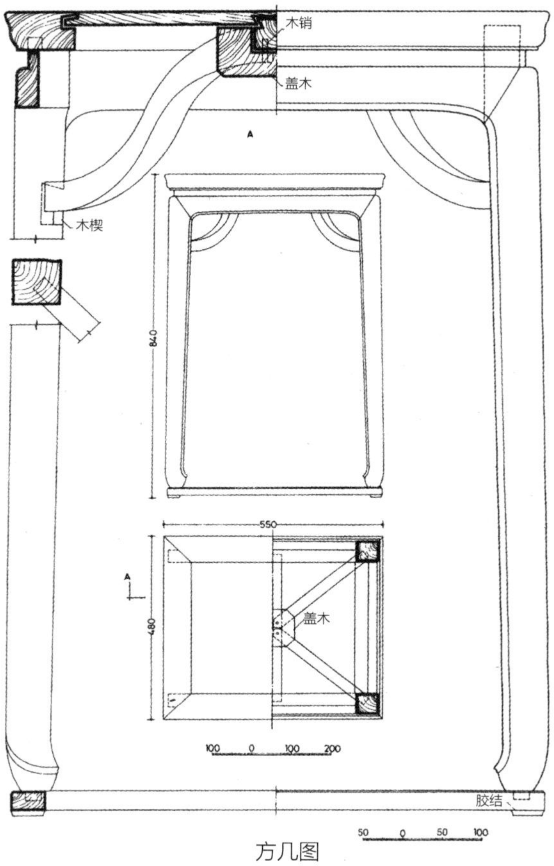

方几图

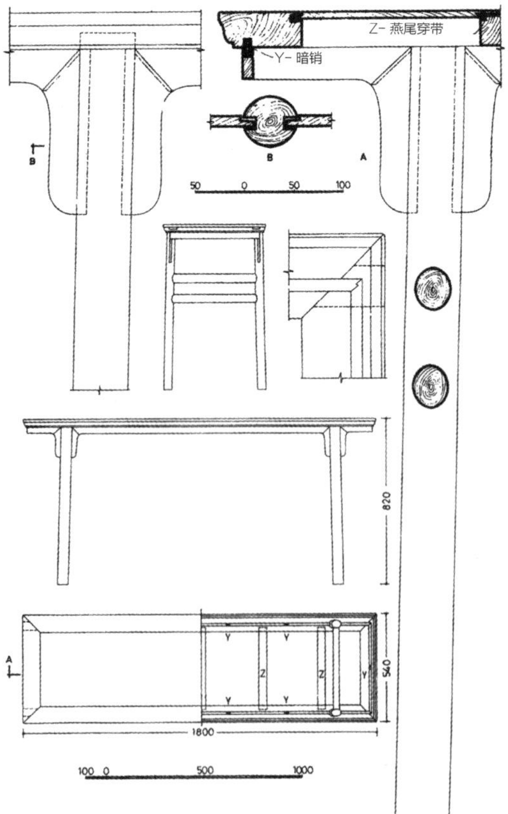

平头案图

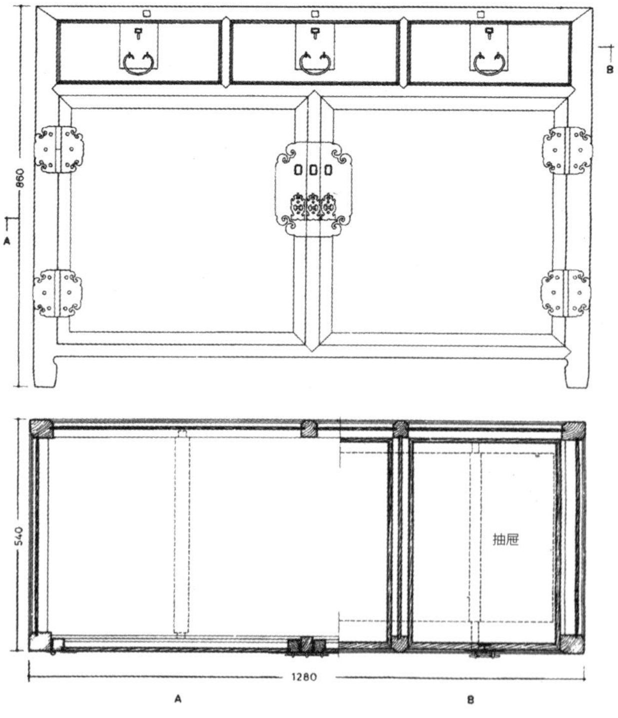

三屉矮柜图 100 0 100 200 300

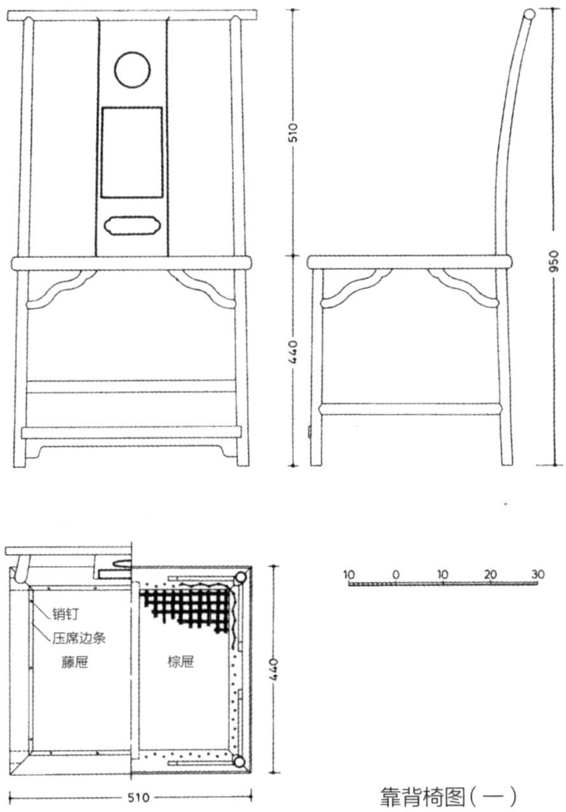

靠背椅图（一）

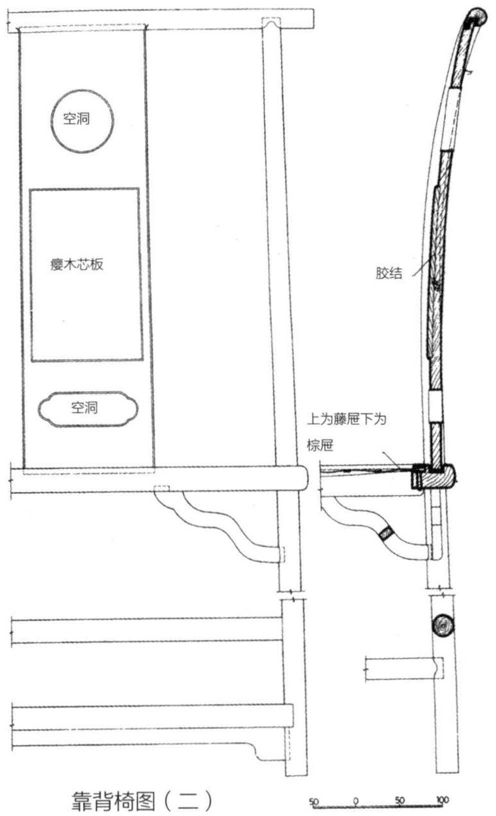

靠背椅图（二）

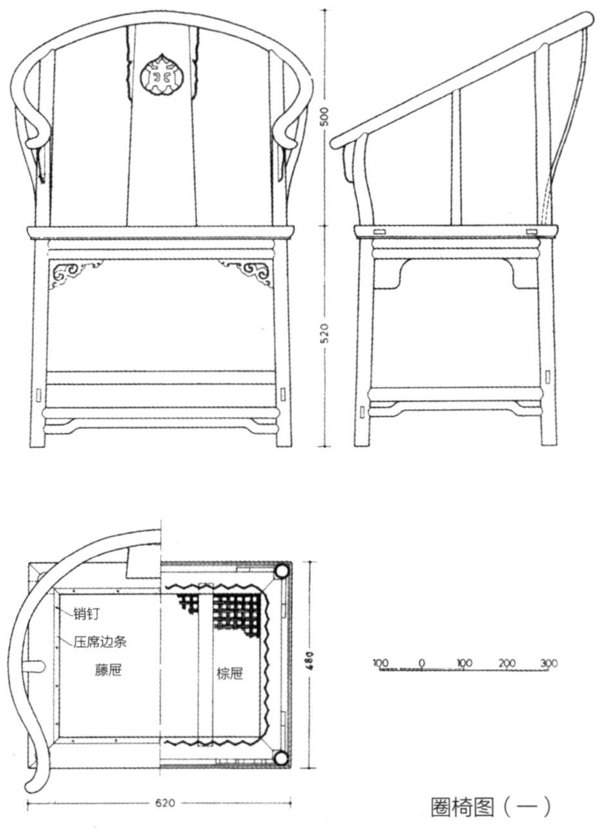

圈椅图（一）

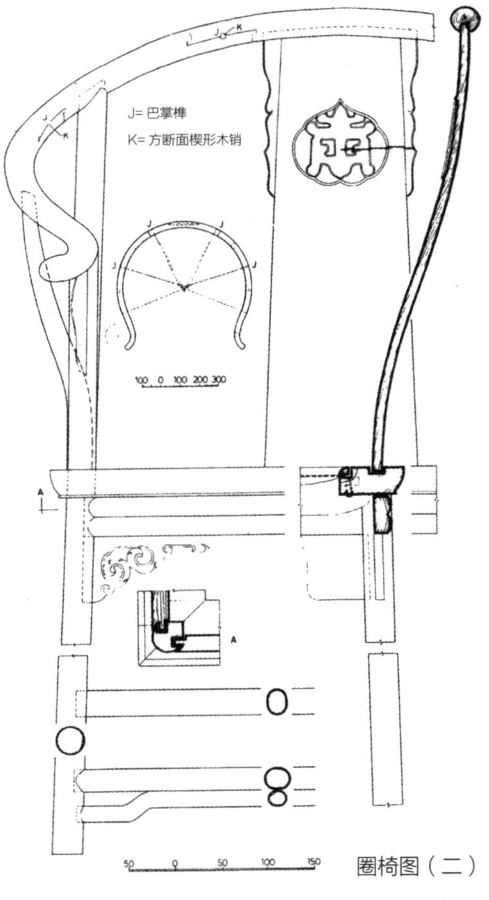

圈椅图（二）

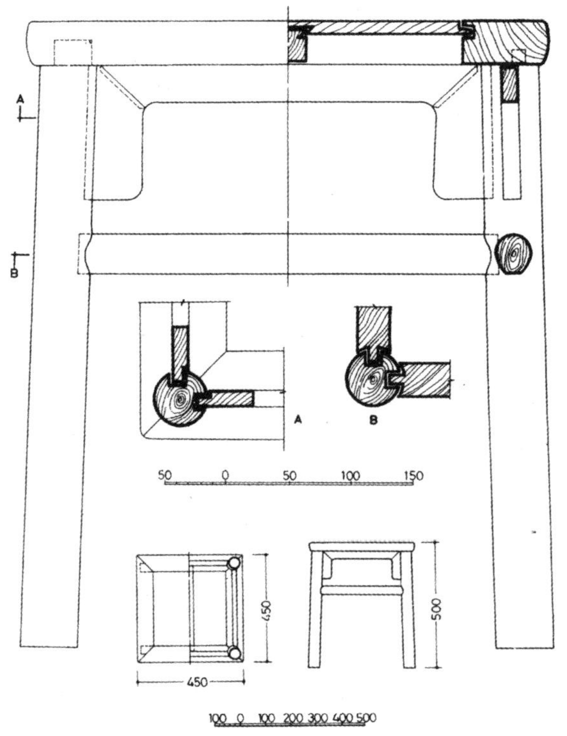

机凳图

6.3 修改家具结构图样图

列出下面给定图纸不规范和错误的地方。逐条列出，不用修改图纸，只列出条目即可，并在下面图纸上标注或批注出不规范或有错误的地方。

■家具结构图样图

部件清单				
序号	部件名称	数量	尺寸	备注
A	Legs	4	2×2–16	
B	Long aprons	2	1×3 1/2–15	
C	Short Aprons	2	1×3 1/2–12	
D	Ends	2	1×4 1/2–16	
E	Outer Slats	2	1×2 9/16–15	
F	Inner Slats	4	3/4×2 9/16–15	
G	Cleats	2	3/4×3/4–10	

产品名称
书桌
规格
L1000×W600×H1900
图纸名称
书桌三视图
材质 中纤板
数量 1
比例 1 : 10
单位 mm
其他说明
日期
作者
页码
共 11 页
第 1 页

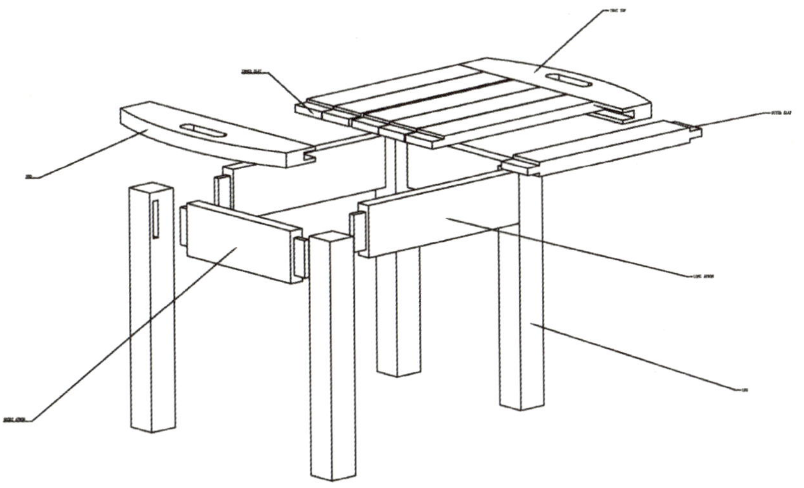

产品名称
书桌
规格
L1000×W600×H1900
图纸名称
书桌三视图
材质 中纤板
数量 1
比例 1 : 10
单位 mm
其他说明
日期
作者
页码
共 11 页
第 1 页

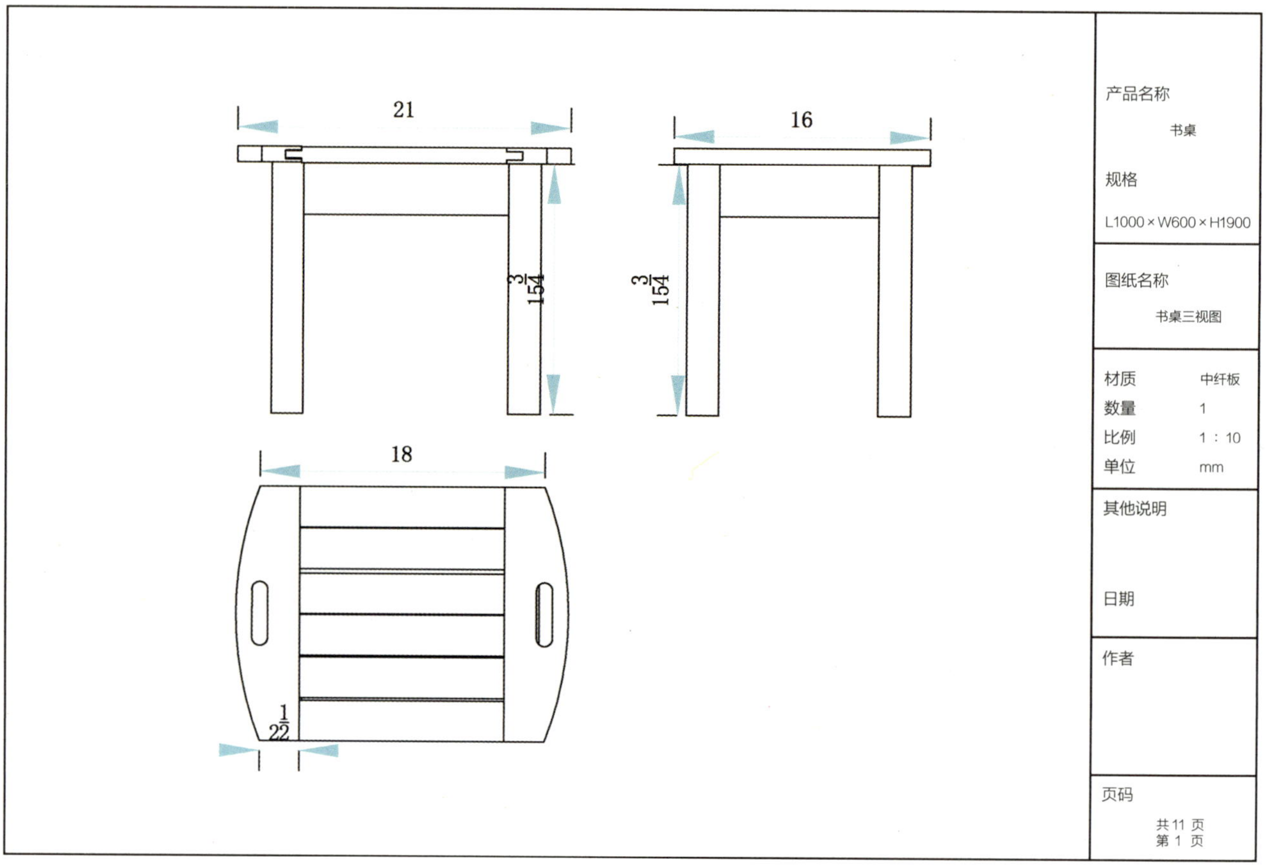
21
16
3
154
3
154
18
1
22
产品名称
书桌
规格
L1000 × W600 × H1900
图纸名称
书桌三视图
材质 中纤板
数量 1
比例 1 : 10
单位 mm
其他说明
日期
作者
页码
共 11 页
第 1 页

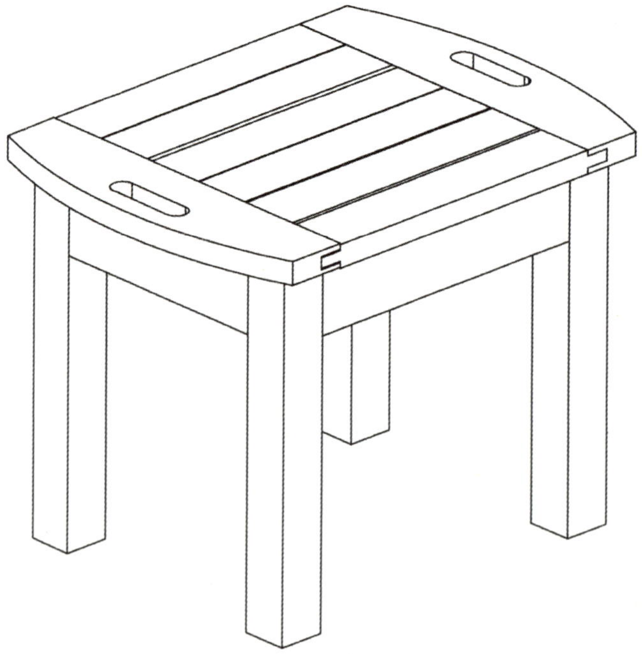

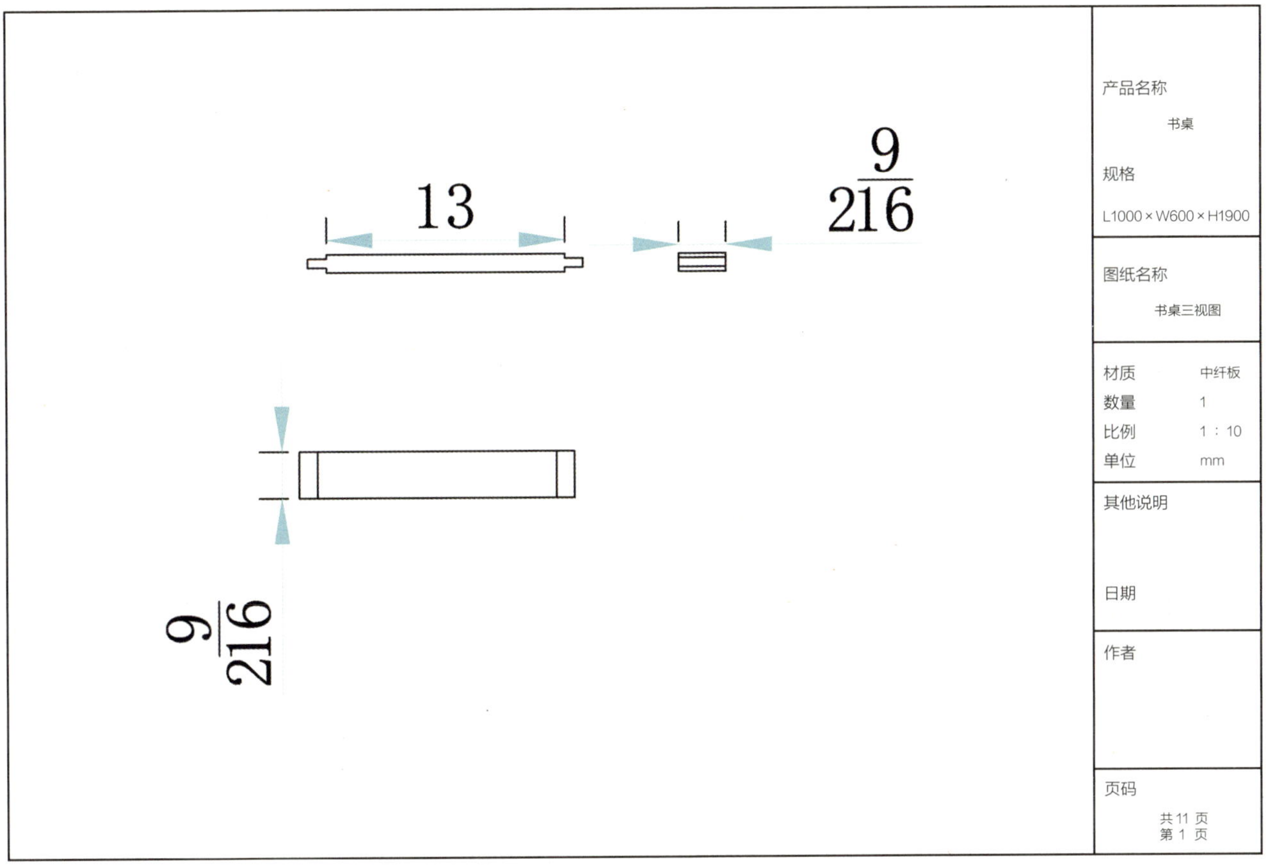
13
9
216
9
216
产品名称
书桌
规格
L1000 × W600 × H1900
图纸名称
书桌三视图
材质 中纤板
数量 1
比例 1 ∶ 10
单位 mm
其他说明
日期
作者
页码
共 11 页
第 1 页

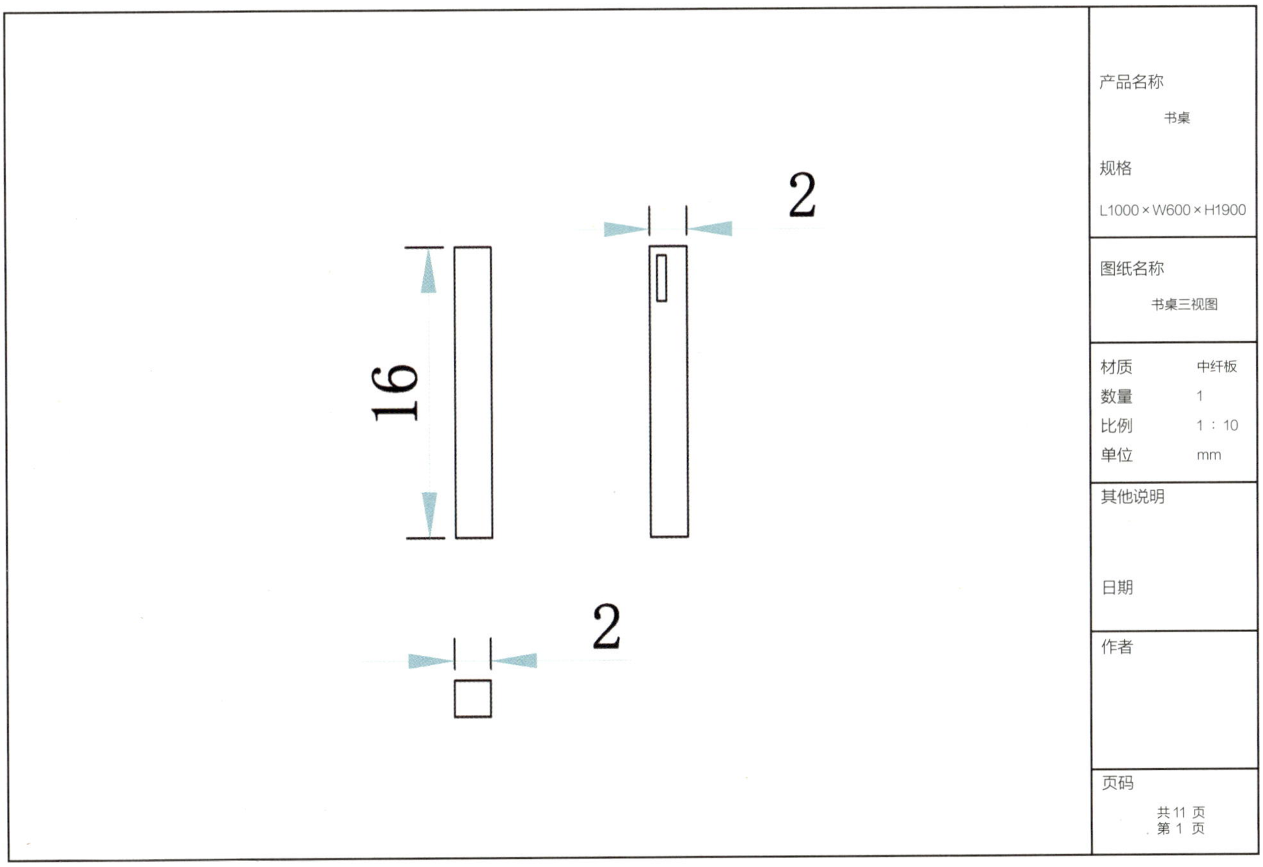
2
16
2
产品名称
书桌
规格
L1000 × W600 × H1900
图纸名称
书桌三视图
材质 中纤板
数量 1
比例 1 ∶ 10
单位 mm
其他说明
日期
作者
页码
共 11 页
第 1 页

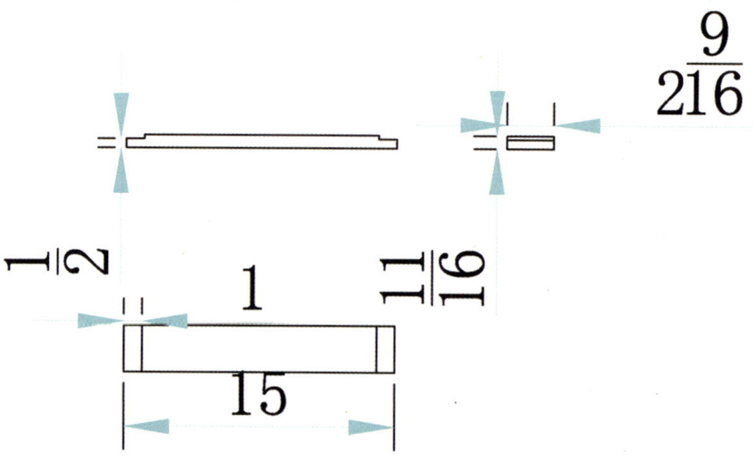

产品名称	书桌
规格	L1000 × W600 × H1900
图纸名称	书桌三视图
材质	中纤板
数量	1
比例	1 ∶ 10
单位	mm
其他说明	
日期	
作者	
页码	共 11 页 第 1 页

6.4 任务评价

表 2-13 学习任务 6 评价表

评分项目			分值	评分要求	自评得分	小组评分	教师评分
综合素养	纪律情况（10 分）	不迟到、不早退，及时签到	5	违反三次不得分			
		学习用品准备齐全	5	用具不齐每次扣 2 分			
		执行教师指令	0	不服从管理扣 10—100 分			
	职业道德（15 分）	善于沟通，工作有计划，按时完成相关任务	5	没有按时完成任务，每次扣 2 分			
		场地、工作位干净整洁	5	养成好习惯，食物不进教室，发现一次扣 2 分			
		能与他人合作完成任务	5	各做各的作业，没有合作扣 2 分			
	综合能力（10 分）	积极思考问题、分析问题、解决问题的能力	5	能积极分析问题解决问题得 5 分			
		健康积极的工作态度、认真踏实的工作作风	5	工作态度好得 5 分			
核心技术	任务完成过程（30 分）	能准确了解任务要求	5	不按要求完成工作页扣 5 分			
		用专业词语回答问题，书写规范	5	用专业词语回答，规范性强得 5 分			
		创新能力体现	5	能体现创新思路的得 5 分			
		任务分工合理，成员间配合好	5	分工不合理，配合不好不得分			
		能合理利用各种资源为任务服务	10	不查阅相关资料的酌情扣 1—10 分			
	工作页提交或成果展示（20 分）	语言表达清晰准确	5	表达清晰准确得 1—5 分			
		内容完整、有逻辑	10	内容完整有逻辑得 1—5 分			
		追求完美，精益求精	5	精益求精得 5 分			
任务完成情况	按时按质完成（15 分）	按时提交工作页	5	不按时提交扣 5 分			
		字迹整洁、格式美观	5	格式美观，有设计感得 1—5 分			
		内容完成程度高，准确率高	5	完成度高，准确性高得 1—5 分			
得分合计							
总分（自评得分 ×20%+ 小组评分 ×30%+ 教师评分 ×50%）							

个人总结：请根据本次学习任务的完成情况，从个人综合素养提升、职业能力提升等方面进行小结。

本人签字		组长签字		教师签字	

学习任务 7
绘制并展示实木家具整套结构图纸

●建议学时：10 学时。

●任务描述：学习任务 7 主要有三个学习子任务，其中包含对学习任务 7 的评价，通过学习任务 7 明确主要任务和要求，自己动手绘制并展示整套实木家具结构图纸，具体任务及学习要求见表 2-14。

表 2-14 任务点及具体学习要求

序号	子任务内容	学习要求	备注
7.1	绘制实木家具整套结构图纸	1. 自主学习，主动思考，完成工作页上的内容 2. 学会与人合作，分工合理，发挥团队力量完成任务 3. 团队自主选取实木家具产品并绘制实木家具整套结构图纸，建议选取榫卯结构的家具产品 4. 严格按照行业企业的制图标准进行绘制，确保图纸的规范性、美观性与准确性，提升自身职业素质 5. 先用草图大师辅助确定家具产品的尺寸及部件相对位置、连接结构，结构形式完全确定后再用 CAD 软件进行图纸绘制 6. 软件使用要熟练，绘图效率要高，使用快捷键绘图 7. 用严谨的科学态度按要求绘制整套结构图纸，每个结构形式都要详细绘制，图纸类型准确、完整 8. 绘制完成后小组成员相互检查，精益求精，力求精确 9. 培养自己分析问题、解决问题的能力	
7.2	展示实木家具整套结构图纸	1. 自主学习，主动思考，完成工作页上的内容 2. 学会与人合作，分工合理，发挥团队力量完成任务 3. 在展示整套结构图纸的过程中学会如何调整软件相关参数 4. 以高标准来要求自己，将自己团队的成果以最好的方式展示出来，提升自身职业素质 5. 整套图纸的图纸数量会比较多，要学会对相关图纸进行分类，并学会在 CAD 布局空间里调整图纸显示 6. 训练草图大师及 CAD 图纸绘制能力，能将图纸导出任意需要的格式 7. 严格按照行业企业的制图标准进行展示，确保图纸的规范性、美观性与准确性 8. 培养自己分析问题、解决问题的能力	
7.3	任务评价	1. 根据学习任务评价表中的评分项目及要求，完成自主评分、小组评分 2. 完成学习任务 7 的个人总结，总结本任务的完成情况及成效，找出不足并提出改进措施，提升自身职业素养 3. 将学习任务评价表填写完整，与前面两个子任务的成果按任务要求一起提交给学习委员	

码 2-8 阶梯凳结构图纸实例

码 2-9 实木桌子结构绘制步骤及注意事项

家具结构设计	学习单元二 学习任务 7	姓名：		
		班级：	学号：	日期：

7.1 绘制实木家具整套结构图纸

小组分工合作，自主选取实木家具产品并绘制实木家具整套结构图纸。先用草图大师将家具产品的结构拆装图绘制出来，绘制完成后拼成整件家具，然后用 CAD 绘制各类结构图纸，注意图纸的规范性、美观性与准确性。

1. 先用草图大师绘制实木家具产品的结构示意图，严格按照产品的实际尺寸进行绘制。每个部件绘制完成后都要做成群组或组件，养成良好的绘图习惯，skp 文件保存时要保存成低版本，建议保存成 2020 版或以下版本。

2. 绘制实木家具产品结构时要精益求精，注意部件结构之间的准确衔接，部件与部件之间连接要严丝合缝。

3. 在绘制榫卯结构示意图的过程中注意总结方法和经验，能用快捷键进行绘图。绘制草图模型时有倒角的先不要倒，最后再倒角，否则量尺寸或对齐时会不好操作。

4. 调整草图大师里的“样式”选项，将“轮廓线”数值调至合适的大小，背景颜色调成白色。

5. 完成上述任务后，再用 AutoCAD 软件绘制整套家具结构图纸，绘制完成后将每个部件的图纸摆放整齐，可以用辅助线将每张图框起来，整个过程要细心仔细，源文件保存成低版本，建议保存成 2010 版或以下版本。

6. 注意图层设置、标注样式设置、线宽及线型设置等方面，绘图过程中使用快捷键绘图。

7. 实木家具结构整套 CAD 图纸包含封面、立体图、部件名称图、三视图、部件图、大样图（如果需要）、局部详图（如果需要）、部件清单表等内容。部件的结构图纸最少要使用两个视图来表现。

7.2 展示实木家具整套结构图纸

整套家具结构图纸绘制完成后完成图纸的展示。

1. 完成模型绘制后，赋予不同结构部件不同的材质或颜色，以外形美观、结构清晰为基本原则。

2. 调整草图大师里的“样式”选项，将“轮廓线”数值调至合适的大小，背景颜色调成白色，样式也可以自主选择。

3. 将 skp 文件导出 jpg 格式的图片，导出时注意将相机里的透视模式改为平行投影模式，将图形大小及榫卯结构角度调至合适的大小和方向，分辨率调至 3000 以上，只需要导出一张立体图即可。

4. 所有 CAD 图纸绘制完成后在布局选项卡里调整整套图纸的样式，最后导出 PDF 文件，纸张尺寸为 A4，横向导出，打印样式调整至合理状态，所有导出的 PDF 文件最后都要在一个 PDF 文件里面。

5. 根据导出的 PDF 文件检查图纸的规范性、准确性和美观性，有问题的地方返回源文件再次调整，重新导出。

6. 任务成果提交：提交实木家具结构的 skp 源文件和 jpg 图片文件，文件名均以“小组成员姓名 +2–7 实木家具整套结构图纸”来命名。提交 CAD 源文件和导出的 PDF 文件，文件名均以“小组成员姓名 +2–7 实木家具整套结构图纸”来命名。

7.3 任务评价

表 2-15 学习任务 7 评价表

<table>
<tr><th colspan="3">评分项目</th><th>分值</th><th>评分要求</th><th>自评得分</th><th>小组评分</th><th>教师评分</th></tr>
<tr><td rowspan="8">综合素养</td><td rowspan="3">纪律情况（10 分）</td><td>不迟到、不早退，及时签到</td><td>5</td><td>违反三次不得分</td><td></td><td></td><td></td></tr>
<tr><td>学习用品准备齐全</td><td>5</td><td>用具不齐每次扣 2 分</td><td></td><td></td><td></td></tr>
<tr><td>执行教师指令</td><td>0</td><td>不服从管理扣 10—100 分</td><td></td><td></td><td></td></tr>
<tr><td rowspan="3">职业道德（15 分）</td><td>善于沟通，工作有计划，按时完成相关任务</td><td>5</td><td>没有按时完成任务，每次扣 2 分</td><td></td><td></td><td></td></tr>
<tr><td>场地、工作位干净整洁</td><td>5</td><td>养成好习惯，食物不进教室，发现一次扣 2 分</td><td></td><td></td><td></td></tr>
<tr><td>能与他人合作完成任务</td><td>5</td><td>各做各的作业，没有合作扣 2 分</td><td></td><td></td><td></td></tr>
<tr><td rowspan="2">综合能力（10 分）</td><td>积极思考问题、分析问题、解决问题的能力</td><td>5</td><td>能积极分析问题解决问题得 5 分</td><td></td><td></td><td></td></tr>
<tr><td>健康积极的工作态度、认真踏实的工作作风</td><td>5</td><td>工作态度好得 5 分</td><td></td><td></td><td></td></tr>
<tr><td rowspan="8">核心技术</td><td rowspan="5">任务完成过程（30 分）</td><td>能准确了解任务要求</td><td>5</td><td>不按要求完成工作页扣 5 分</td><td></td><td></td><td></td></tr>
<tr><td>用专业词语回答问题，书写规范</td><td>5</td><td>用专业词语回答，规范性强得 5 分</td><td></td><td></td><td></td></tr>
<tr><td>创新能力体现</td><td>5</td><td>能体现创新思路的得 5 分</td><td></td><td></td><td></td></tr>
<tr><td>任务分工合理，成员间配合好</td><td>5</td><td>分工不合理，配合不好不得分</td><td></td><td></td><td></td></tr>
<tr><td>能合理利用各种资源为任务服务</td><td>10</td><td>不查阅相关资料的酌情扣 1—10 分</td><td></td><td></td><td></td></tr>
<tr><td rowspan="3">工作页提交或成果展示（20 分）</td><td>语言表达清晰准确</td><td>5</td><td>表达清晰准确得 1—5 分</td><td></td><td></td><td></td></tr>
<tr><td>内容完整、有逻辑</td><td>10</td><td>内容完整有逻辑得 1—5 分</td><td></td><td></td><td></td></tr>
<tr><td>追求完美，精益求精</td><td>5</td><td>精益求精得 5 分</td><td></td><td></td><td></td></tr>
<tr><td rowspan="3">任务完成情况</td><td rowspan="3">按时按质完成（15 分）</td><td>按时提交工作页</td><td>5</td><td>不按时提交扣 5 分</td><td></td><td></td><td></td></tr>
<tr><td>字迹整洁、格式美观</td><td>5</td><td>格式美观，有设计感得 1—5 分</td><td></td><td></td><td></td></tr>
<tr><td>内容完成程度高，准确率高</td><td>5</td><td>完成度高，准确性高得 1—5 分</td><td></td><td></td><td></td></tr>
<tr><td colspan="5">得分合计</td><td></td><td></td><td></td></tr>
<tr><td colspan="5">总分（自评得分 ×20%+ 小组评分 ×30%+ 教师评分 ×50%）</td><td></td><td></td><td></td></tr>
<tr><td colspan="8">个人总结：请根据本次学习任务的完成情况，从个人综合素养提升、职业能力提升等方面进行小结。</td></tr>
</table>

本人签字		组长签字		教师签字	

学习单元二总体评价

●建议学时：2 学时。

●任务描述：通过学习单元二总体评价考查同学们在学习过程中对知识和技能掌握的情况，自主总结分析任务完成情况，具体评价内容见表 2-16。

表 2-16 学习单元二总体评价表

序号	学习任务	权重	综合得分（各学习任务得分 × 权重）	备注
学习任务 1	熟识实木家具材料	10%		
学习任务 2	榫卯结构	10%		
学习任务 3	绘制并展示 120 种榫卯结构示意图	15%		
学习任务 4	学习家具制图规范及木结构绘制	10%		
学习任务 5	绘制实木抽屉和实木门结构图纸	10%		
学习任务 6	实木家具结构案例及图例修改	15%		
学习任务 7	绘制并展示实木家具整套结构图纸	30%		
总分				
本学习单元是否合格		教师签字		

个人总结：请根据以上分数情况，对本学习单元中的工作和学习状态进行评述，并分析个人的优缺点，提出改进措施。

（本人签字）

年　　月　　日

教师指导意见：

学习单元三

板式家具结构

学习任务 1　熟识板式家具材料及五金件

学习任务 2　拆装板式家具实物

学习任务 3　绘制偏心件及圆棒榫的孔位图纸

学习任务 4　绘制板式家具门板的孔位图纸

学习任务 5　绘制抽屉结构图纸

学习任务 6　板式家具结构案例及图例修改

学习任务 7　绘制抽屉柜的整套结构图纸

学习单元三总体评价

JIAJU JIEGOU SHEJI 家具结构设计

■学习目标

完成本学习单元的任务，自己应该达到以下目标：

1. 具有独立学习和分析解决问题的能力，善于总结经验，有创新意识。
2. 具有任务解析能力、与人沟通和团队协作能力。
3. 具有严谨的科学态度和创新思维。
4. 具备良好的职业素养和坚韧、诚信的品德。
5. 训练语言表达能力和精益求精的优秀品质。
6. 能够独立或团队合作完成学习任务。
7. 认清家具设计师、家具工艺设计师、家具结构设计师等企业岗位的需求，着重培养相关职业技能。
8. 能够思考板式家具材料和五金配件在家具产品设计中的应用，熟悉板式家具零部件常用的接合方式。
9. 能够理解不同类型板式家具部件的连接方式及结构特点，理解不同五金配件在家具结构中的结构表现。
10. 掌握板式家具结构系统原理和设计方法，学会板式家具孔位图的设计与表达，增强家具设计专业技能。
11. 能够根据板式家具产品设计进行结构图纸的绘制，合理利用各种软件及专业知识进行辅助。

■任务描述

本单元的学习任务设定主要参照企业岗位需求和同学们的学习实际，将企业岗位需求的内容融入学习要求中，通过完成本单元的学习任务，达到专业技能培养的目的。本单元学习任务是让同学们理解不同板式家具材料在家具产品设计中的主要表现，了解常用的板式家具材料和五金配件，能够利用相关软件绘制不同五金配件的结构示意图，了解行业企业规范和岗位要求，能够绘制板式家具不同部件的结构图纸，能够看懂全套板式家具图纸，对板式家具结构非常熟悉并且能够进行应用。同学们按照学习要求完成每个学习任务，每个学习任务后有任务评价表，可以根据评价表中的评分项目进行评价，发现自己的优势和不足，并进行针对性的改进与优化。在学习单元的最后有总体评价表，同学们可以对本单元学习的整体情况做一个总结。

■学习任务及建议学时

本学习单元主要有七个学习任务和一个单元总体评价，具体的学习任务内容及学时分配见表 3-1。

表 3-1 学习任务及学时分配表

任务序号	学习任务内容	学习子任务	建议学时	备注
学习任务 1	熟识板式家具材料及五金件	1.1 列举家具产品中常用的板式家具材料 1.2 列举家具产品中常用的五金配件 1.3 收集与整理板式家具材料及五金件图片资料 1.4 展示汇报板式家具材料及五金应用图例 1.5 任务评价	5 学时	
学习任务 2	拆装板式家具实物	2.1 动手拆装板式家具实物 2.2 记录拆装过程 2.3 任务评价	3 学时	
学习任务 3	绘制偏心件及圆棒榫的孔位图纸	3.1 偏心件及圆棒榫连接结构 3.2 绘制简单板式框架结构图纸 3.3 任务评价	3 学时	

续表

任务序号	学习任务内容	学习子任务	建议学时	备注
学习任务 4	绘制板式家具门板的孔位图纸	4.1 门铰链连接结构 4.2 绘制给定尺寸的门板结构图纸 4.3 任务评价	3 学时	
学习任务 5	绘制抽屉结构图纸	5.1 抽屉滑轨的连接结构 5.2 绘制给定尺寸的抽屉结构图纸 5.3 任务评价	5 学时	
学习任务 6	板式家具结构案例及图例修改	6.1 看懂板式家具结构图纸的各项内容 6.2 会计算板式家具结构孔的孔位尺寸 6.3 修改板式家具结构图纸 6.4 任务评价	5 学时	
学习任务 7	绘制抽屉柜的整套结构图纸	7.1 板式家具抽屉柜结构图纸绘制 7.2 展示整套结构图纸 7.3 任务评价	10 学时	
学习单元三总体评价			2 学时	
合计			36 学时	

学习任务 1 熟识板式家具材料及五金件

●建议学时：5 学时。

●任务描述：学习任务 1 主要有五个学习子任务，其中包含对学习任务 1 的评价，通过学习任务 1 明确主要任务和要求，区分常用的板式家具材料和五金并收集整理展示相关图例，具体任务及学习要求见表 3-2。

表 3-2 任务点及具体学习要求

序号	子任务内容	学习要求	备注
1.1	列举家具产品中常用的板式家具材料	1. 学会与人合作，分工合理，发挥团队力量完成任务 2. 自主学习，主动思考，完成工作页上的内容 3. 阐述家具产品设计中常用的板式家具材料种类及特点 4. 区分不同板式家具材料的特性，弄清家具材料在产品设计中的作用，提升自身职业素养 5. 重点关注近年来出现的板式家具新材料，提升职业敏感度 6. 能够自主学习电子资源里的内容，扩展学习内容	
1.2	列举家具产品中常用的五金配件	1. 学会与人合作，分工合理，发挥团队力量完成任务 2. 自主学习，主动思考，完成工作页上的内容 3. 阐述家具产品设计中常用的家具五金配件种类及特点 4. 区分不同五金配件材料的特性，弄清五金配件在产品设计中的作用，提升自身职业素养 5. 重点关注近年来出现的新五金配件，提升职业敏感度 6. 能够自主学习电子资源里的内容，扩展学习内容	

续表

序号	子任务内容	学习要求	备注
1.3	收集与整理板式家具材料及五金件图片资料	1. 学会与人合作，分工合理，发挥团队力量完成任务 2. 确认收集的图片具有代表性，准确涵盖各类板式家具材料和五金配件，合理利用各种资源进行资料收集，提升自身职业素质 3. 用严谨的科学态度严格按照任务要求进行资料的收集与整理，学会信息收集、归纳、提炼的方法，使用合理的方法完成任务内容 4. 归类收集的材料及五金图片，合理进行图片整理工作，以材料名称或五金名称来命名图片 5. 培养自己分析问题、解决问题的能力	
1.4	展示汇报板式家具材料及五金应用图例	1. 学会与人合作，分工合理，发挥团队力量完成任务 2. 按照板式材料种类及五金种类进行分类，完成图片资料整理，确定 PPT 内容的逻辑结构 3.PPT 制作过程中学会版式的设计方法，PPT 内容应该主题突出、逻辑清晰、版式美观，培养自己的创新精神 4.PPT 展示时注意语言的规范性、专业性，吐字清晰，语速适宜，能控制好汇报展示的时间，训练语言表达能力，提升自身职业素质 5. 培养自己分析问题、解决问题的能力	
1.5	任务评价	1. 根据学习任务评价表中的评分项目及要求，完成自主评分、小组评分 2. 完成学习任务 1 的个人总结，总结本任务的完成情况及成效，找出不足并提出改进措施，提升自身职业素养 3. 将学习任务评价表填写完整，与前面四个子任务的成果按任务要求一起提交给学习委员	

码 3-1 板式家具的材料与结构特点

码 3-2 板式家具材料

码 3-3 五金配件

家具结构设计	学习单元三 学习任务 1	姓名：		
		班级：	学号：	日期：

1.1 列举家具产品中常用的板式家具材料

重点关注近年来出现的新材料。

1.2 列举家具产品中常用的五金配件

重点关注近年来出现的新五金配件。

1.3 收集与整理板式家具材料及五金件图片资料

以小组为单位从网上收集各类不同板式家具材料及五金配件的图片，并按照不同种类分类整理。

1. 收集的图片应为高清图，1000 像素以上为宜，图片清晰无水印。
2. 收集图片时从设计公司官网或相关论坛、素材网站收集，避免直接百度搜索。
3. 建议用电脑打开网页去收集图片，不要用手机保存图片，各种图片按照不同分类来存放。
4. 分类时图片名称用不同材料名或五金件名来命名，如“颗粒板 01.jpg”，以此类推。
5. 收集不同种类的板式家具材料和五金配件的图片时种类要齐全、准确。
6. 任务成果提交：每个小组提交收集的图片文件夹两个，文件夹分别以“小组成员姓名 +3-1 板式家具材料图片收集”与“小组成员姓名 +3-1 五金配件图片收集”来命名。

1.4 展示汇报板式家具材料及五金应用图例

根据上一任务收集的各类图片，每个小组制作 PPT 文件，并在班级进行展示。

1. 汇报题目自拟。
2. PPT 统一用宽屏，版式要整洁美观，可以自己设计也可以使用 PPT 模板。
3. PPT 动画不要太复杂，重点突出内容，注意字体和字号的使用。
4. 注意每页 PPT 的版式，最好图文结合，前后内容逻辑关系清晰。
5. 每组 PPT 展示时间控制在 5 分钟之内，语速适中，内容逻辑清晰、完整。
6. 任务成果提交：最终每个小组提交 PPT 文件，文件名分别以“小组成员姓名 +3-1 板式家具材料图片收集”与“小组成员姓名 +3-1 五金配件图片收集”来命名。

1.5 任务评价

表 3-3 学习任务 1 评价表

评分项目			分值	评分要求	自评得分	小组评分	教师评分
综合素养	纪律情况（10 分）	不迟到、不早退，及时签到	5	违反三次不得分			
		学习用品准备齐全	5	用具不齐每次扣 2 分			
		执行教师指令	0	不服从管理扣 10—100 分			
	职业道德（15 分）	善于沟通，工作有计划，按时完成相关任务	5	没有按时完成任务，每次扣 2 分			
		场地、工作位干净整洁	5	养成好习惯，食物不进教室，发现一次扣 2 分			
		能与他人合作完成任务	5	各做各的作业，没有合作扣 2 分			
	综合能力（10 分）	积极思考问题、分析问题、解决问题的能力	5	能积极分析问题解决问题得 5 分			
		健康积极的工作态度、认真踏实的工作作风	5	工作态度好得 5 分			
核心技术	任务完成过程（30 分）	能准确了解任务要求	5	不按要求完成工作页扣 5 分			
		用专业词语回答问题，书写规范	5	用专业词语回答，规范性强得 5 分			
		创新能力体现	5	能体现创新思路的得 5 分			
		任务分工合理，成员间配合好	5	分工不合理，配合不好不得分			
		能合理利用各种资源为任务服务	10	不查阅相关资料的酌情扣 1—10 分			
	工作页提交或成果展示（20 分）	语言表达清晰准确	5	表达清晰准确得 1—5 分			
		内容完整、有逻辑	10	内容完整有逻辑得 1—5 分			
		追求完美，精益求精	5	精益求精得 5 分			
任务完成情况	按时按质完成（15 分）	按时提交工作页	5	不按时提交扣 5 分			
		字迹整洁、格式美观	5	格式美观，有设计感得 1—5 分			
		内容完成程度高，准确率高	5	完成度高，准确性高得 1—5 分			
得分合计							
总分（自评得分 ×20%+ 小组评分 ×30%+ 教师评分 ×50%）							

个人总结：请根据本次学习任务的完成情况，从个人综合素养提升、职业能力提升等方面进行小结。

本人签字		组长签字		教师签字	

学习任务 2
拆装板式家具实物

●建议学时：3 学时。

●任务描述：学习任务 2 主要有三个学习子任务，其中包含对学习任务 2 的评价，通过学习任务 2 明确主要任务和要求，动手拆装板式家具实物并记录过程，具体任务及学习要求见表 3-4。

表 3-4 任务点及具体学习要求

序号	子任务内容	学习要求	备注
2.1	动手拆装板式家具实物	1. 学会与人合作，分工合理，发挥团队力量完成任务 2. 与下一个子任务同时进行，提前准备好板式家具实物，建议是可拆装的抽屉柜 3. 动手拆装之前仔细阅读工作页中的拆装说明，易出错的地方尤其需要注意 4. 动手操作过程中多思考、多观察，不要使用蛮力，同时注意自身安全 5. 工具和板件在操作完成后归回原位，注意场地卫生，提升自身职业素质 6. 培养自己分析问题、解决问题的能力	
2.2	记录拆装过程	1. 学会与人合作，分工合理，发挥团队力量完成任务 2. 拍照记录整个过程，注意拍摄角度及画面选取 3. 尤其要记录在拆装过程中出现的问题，并给出解决方案 4. 记录要全面、详细，注意最后 Word 格式的调整，提升自身职业素质 5. 培养自己分析问题、解决问题的能力	
2.3	任务评价	1. 根据学习任务评价表中的评分项目及要求，完成自主评分、小组评分 2. 完成学习任务 2 的个人总结，总结本任务的完成情况及成效，找出不足并提出改进措施，提升自身职业素养 3. 将学习任务评价表填写完整，与前面子任务的成果按任务要求一起提交给学习委员	

码 3-4 板式家具实物拆装过程指导

家具结构设计	学习单元三 学习任务 2	姓名：		
		班级：	学号：	日期：

2.1 动手拆装板式家具实物

班级在上课之前要提前准备好板式家具实物，家具结构要可拆装，建议以抽屉柜为主。3—4 人一组，分组操作，自己动手拆装板式家具实物，拆装过程中体会板式家具结构的特点及孔位布局，弄清楚每个部件是怎么连接起来的。拆装板式家具指南如下。

先装后拆，具体安装过程为：

1. 根据产品图纸或产品图片了解产品的基本构成。

分析产品可以分为几个大的部分，各个部分之间的相对位置和连接方式，每个部分都由几个部件组成，相对位置如何。

2. 将产品的各个部件进行分类，并按照顺序摆好位置。

摆的时候最好是按产品的造型依顺序摆放，相邻的部件放到一起，同一类别的部件放到一起。

3. 检查五金。

了解五金件的种类及规格，要大概清楚每种五金件的基本功能和安装位置。

4. 安装胶粒。

此步骤仅限于三合一为主的连接结构，检查胶粒没有问题后，将胶粒用榔头敲到对应的孔位，注意用力方式和用力方向，保证胶粒完全进入孔位，所有胶粒一次全部安装完成。

5. 安装螺杆。

在上一步的基础上，将螺杆用螺丝刀或电动工具连接至胶粒上，保证螺杆的垂直，不能有倾斜的螺杆出现。

6. 根据部件的相对位置，确定安装顺序。

部件的相对位置直接决定了产品的安装顺序，一旦出现问题要拆掉重新安装。但最好不要出现这种现象，因为有些部件或五金是没办法重复拆装的，否则连接的强度会受到影响。

7. 根据产品的设计图纸确定板件的位置及前后、上下、左右关系。

安装顺序确定后还要注意确定板件的前后关系，因为有的部件之间可能会存在位置的偏差，要提前了解。部件的上下关系也要分清楚，因为在部件的一个面上会有孔位或线槽出现，带孔的这个面在下还是在上要看产品的尺寸及设计要求来确定。同样，板件的左右关系也要分清楚，连接的部件不一样、产品的样式不一样对应的板件左右关系也就不同。

8. 上述步骤没有问题后就可以正常安装。

此步骤主要是将偏心轮装到对应的位置，圆棒榫要先安装到对应位置，抽屉滑轨要安装至旁板上。

9. 部件安装好后用螺丝刀或电动工具锁死偏心轮，注意此过程的孔位对齐问题，保证孔位是完全对齐的，出现对不齐的情况要分析原因，然后解决。

10. 基本框架连接完成后再安装门铰链、搁板扣、腿的连接件等。

11. 按同样的方法安装抽屉框架，并将抽屉滑轨安装好。

12. 基本部件连接完成后将各部分组装在一起。

13. 调节门板的位置，如进行宽度、高度、深度三个方向的调节，确保将门板调至准确位置。

14. 安装产品背板，用钉子安装。

15. 对照设计图纸，检查安装是否正确。

拆的时候参照安装过程以相反的顺序拆装，若出现拆不掉的情况注意不要硬掰扯部件，否则容易破坏板件。

拆装注意事项：

1. 区分板的前后左右。

2. 注意板件上打孔的面是朝上还是朝下。

3. 分清不同板件上槽的相对位置。

4. 厘清安装时的部件摆放方向。

5. 注意偏心轮的拆卸方法。

6. 提前思考部件安装顺序。

7. 部件不要左右掰扯。

8. 注意部件的相对位置，如对齐、错落等。

9. 注意抽屉拉手的安装方向。

2.2 记录拆装过程

1. 在工作页这里只需要大概记录拆装流程即可。

2. 每个小组在 Word 文档里面详细记录拆装步骤及拆装过程中遇到的问题、解决方案等，拆装过程用手机拍照记录。

3. 注意 Word 版式调整，图文结合，标题用黑体三号字体，正文用宋体小四号字体，1.5 倍行距。

4. 任务成果提交：最后的 Word 文档以“小组成员姓名 +3–2 板式家具拆装过程记录”来命名。

2.3 任务评价

表 3-5 学习任务 2 评价表

评分项目			分值	评分要求	自评得分	小组评分	教师评分
综合素养	纪律情况（10 分）	不迟到、不早退，及时签到	5	违反三次不得分			
		学习用品准备齐全	5	用具不齐每次扣 2 分			
		执行教师指令	0	不服从管理扣 10—100 分			
	职业道德（15 分）	善于沟通，工作有计划，按时完成相关任务	5	没有按时完成任务，每次扣 2 分			
		场地、工作位干净整洁	5	养成好习惯，食物不进教室，发现一次扣 2 分			
		能与他人合作完成任务	5	各做各的作业，没有合作扣 2 分			
	综合能力（10 分）	积极思考问题、分析问题、解决问题的能力	5	能积极分析问题解决问题得 5 分			
		健康积极的工作态度、认真踏实的工作作风	5	工作态度好得 5 分			
核心技术	任务完成过程（30 分）	能准确了解任务要求	5	不按要求完成工作页扣 5 分			
		用专业词语回答问题，书写规范	5	用专业词语回答，规范性强得 5 分			
		创新能力体现	5	能体现创新思路的得 5 分			
		任务分工合理，成员间配合好	5	分工不合理，配合不好不得分			
		能合理利用各种资源为任务服务	10	不查阅相关资料的酌情扣 1—10 分			
	工作页提交或成果展示（20 分）	语言表达清晰准确	5	表达清晰准确得 1—5 分			
		内容完整、有逻辑	10	内容完整有逻辑得 1—5 分			
		追求完美，精益求精	5	精益求精得 5 分			
任务完成情况	按时按质完成（15 分）	按时提交工作页	5	不按时提交扣 5 分			
		字迹整洁、格式美观	5	格式美观，有设计感得 1—5 分			
		内容完成程度高，准确率高	5	完成度高，准确性高得 1—5 分			
得分合计							
总分（自评得分 ×20%+ 小组评分 ×30%+ 教师评分 ×50%）							
个人总结：请根据本次学习任务的完成情况，从个人综合素养提升、职业能力提升等方面进行小结。							
本人签字		组长签字		教师签字			

学习任务 3
绘制偏心件及圆棒榫的孔位图纸

●建议学时：3 学时。

●任务描述：学习任务 3 主要有三个学习子任务，其中包含对学习任务 3 的评价，通过学习任务 3 明确主要任务和要求，看懂偏心件及圆棒榫连接结构并且能够绘制简单板式框架结构图纸，具体任务及学习要求见表 3–6。

表 3-6 任务点及具体学习要求

序号	子任务内容	学习要求	备注
3.1	偏心件及圆棒榫连接结构	1. 学会与人合作，分工合理，发挥团队力量完成任务 2. 自主学习，主动思考，完成工作页上的内容 3. 能使用专业术语准确表达工作页的内容，提升自身职业素质 4. 根据工作页的任务来指引自己的学习内容 5. 能够看懂偏心件及圆棒榫连接的结构方式 6. 绘制偏心件及圆棒榫连接的结构孔位图，注意按照行业企业标准进行绘制 7. 能够自主学习电子资源里的内容，扩展学习内容	
3.2	绘制简单板式框架结构图纸	1. 学会与人合作，分工合理，发挥团队力量完成任务 2. 自主学习，主动思考，完成工作页上的内容 3. 独立完成工作页的任务，团队之间能完成互评 4. 能利用前面学习任务的成果来绘制简单板式框架结构图纸，执行行业企业标准，提升自身职业技能 5. 训练 CAD 图纸绘制能力，快速高效完成图纸绘制，能将 CAD 图纸导出为需要的格式文件 6. 能够自主学习电子资源里的内容，扩展学习内容 7. 培养自己分析问题、解决问题的能力	
3.3	任务评价	1. 根据学习任务评价表中的评分项目及要求，完成自主评分、小组评分 2. 完成学习任务 3 的个人总结，总结本任务的完成情况及成效，找出不足并提出改进措施，提升自身职业素养 3. 将学习任务评价表填写完整，与前面两个子任务的成果按任务要求一起提交给学习委员	

码 3-5 板式 32 mm 系统设计

码 3-6 偏心件及圆棒榫结构

码 3-7 板式框架结构图

家具结构设计	学习单元三 学习任务 3	姓名：		
		班级：	学号：	日期：

3.1 偏心件及圆棒榫连接结构

1. 偏心件由几部分组成，偏心件的特点有哪些？

2. 用来制作圆棒榫的木材一般有什么特点，圆棒榫在结构中的主要作用是什么？

3. 偏心件和圆棒榫连接在结构图纸中如何绘制？请在下方绘制一组偏心件和圆棒榫的结构孔位图。

3.2 绘制简单板式框架结构图纸

请绘制出右图板式框架结构的结构图纸。

1. 板件厚度为 15 mm，绘制板式框架横板和竖板上的偏心件及圆棒榫孔位图，详细标注各个尺寸，并注意调整标注样式。部件的结构图纸最少使用两个视图来表现。

2. 具体的偏心件孔位尺寸及标注样式按照给定的图例进行调整，注意图纸的美观性和规范性。

3. 用 AutoCAD 软件时注意图层设置、标注样式设置、线宽及线型设置等方面。绘制完成后将图纸用标准图框框起来，CAD 源文件保存为低版本，建议保存为 2010 版或以下版本。

4. 图纸绘制完成后导出 PDF 文件，纸张尺寸为 A4，横向导出，打印样式调整至合理状态。导出一个 PDF 文件，文件共两页，一页一张图。

5. 根据导出的 PDF 文件检查图纸的规范性、准确性和美观性，有问题的地方返回源文件再次调整，重新导出。

6. 任务成果提交：最终提交 CAD 源文件和导出的 PDF 文件，文件名均以“小组成员姓名 +3–3 简单板式框架结构图纸”来命名。

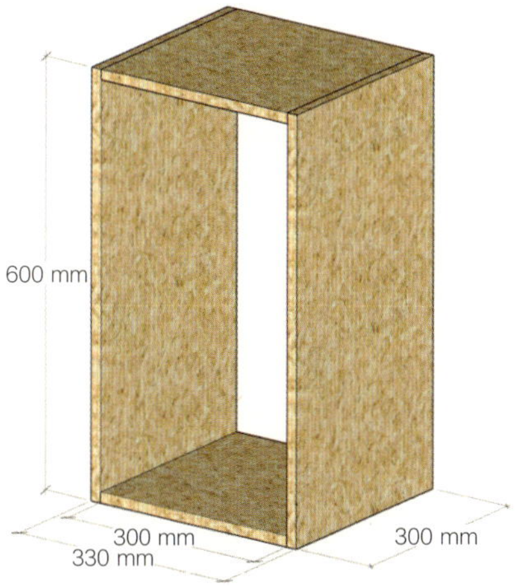

3.3 任务评价

表 3-7 学习任务 3 评价表

评分项目			分值	评分要求	自评得分	小组评分	教师评分
综合素养	纪律情况（10 分）	不迟到、不早退，及时签到	5	违反三次不得分			
		学习用品准备齐全	5	用具不齐每次扣 2 分			
		执行教师指令	0	不服从管理扣 10—100 分			
	职业道德（15 分）	善于沟通，工作有计划，按时完成相关任务	5	没有按时完成任务，每次扣 2 分			
		场地、工作位干净整洁	5	养成好习惯，食物不进教室，发现一次扣 2 分			
		能与他人合作完成任务	5	各做各的作业，没有合作扣 2 分			
	综合能力（10 分）	积极思考问题、分析问题、解决问题的能力	5	能积极分析问题解决问题得 5 分			
		健康积极的工作态度、认真踏实的工作作风	5	工作态度好得 5 分			
核心技术	任务完成过程（30 分）	能准确了解任务要求	5	不按要求完成工作页扣 5 分			
		用专业词语回答问题，书写规范	5	用专业词语回答，规范性强得 5 分			
		创新能力体现	5	能体现创新思路的得 5 分			
		任务分工合理，成员间配合好	5	分工不合理，配合不好不得分			
		能合理利用各种资源为任务服务	10	不查阅相关资料的酌情扣 1—10 分			
	工作页提交或成果展示（20 分）	语言表达清晰准确	5	表达清晰准确得 1—5 分			
		内容完整、有逻辑	10	内容完整有逻辑得 1—5 分			
		追求完美，精益求精	5	精益求精得 5 分			
任务完成情况	按时按质完成（15 分）	按时提交工作页	5	不按时提交扣 5 分			
		字迹整洁、格式美观	5	格式美观，有设计感得 1—5 分			
		内容完成程度高，准确率高	5	完成度高，准确性高得 1—5 分			
得分合计							
总分（自评得分 ×20%+ 小组评分 ×30%+ 教师评分 ×50%）							

个人总结：请根据本次学习任务的完成情况，从个人综合素养提升、职业能力提升等方面进行小结。

本人签字		组长签字		教师签字	

学习任务 4
绘制板式家具门板的孔位图纸

●建议学时：3 学时。

●任务描述：学习任务 4 主要有三个学习子任务，其中包含对学习任务 4 的评价，通过学习任务 4 明确主要任务和要求，看懂门铰链的连接结构并绘制门板结构的孔位图，具体任务及学习要求见表 3-8。

表 3-8 任务点及具体学习要求

序号	子任务内容	学习要求	备注
4.1	门铰链连接结构	1. 学会与人合作，分工合理，发挥团队力量完成任务 2. 自主学习，主动思考，完成工作页上的内容 3. 能使用专业术语准确表达工作页的内容 4. 根据工作页的任务来指引自己的学习内容 5. 能够看懂门铰链连接的结构方式，区分不同门铰链的使用场合，提升自身职业素质 6. 独立完成工作页的任务，团队之间能完成互评 7. 能够自主学习电子资源里的内容，扩展学习内容	
4.2	绘制给定尺寸的门板结构图纸	1. 学会与人合作，分工合理，发挥团队力量完成任务 2. 自主学习，主动思考，完成工作页上的内容 3. 独立完成工作页的任务，团队之间能完成互评 4. 能利用前面学习任务的成果来绘制给定尺寸的门板结构图纸，执行行业企业标准，提升自身职业素质 5. 训练 CAD 图纸绘制能力，快速高效完成图纸绘制，能将 CAD 图纸导出为需要的格式文件 6. 能够自主学习电子资源里的内容，扩展学习内容 7. 培养自己分析问题、解决问题的能力	
4.3	任务评价	1. 根据学习任务评价表中的评分项目及要求，完成自主评分、小组评分 2. 完成学习任务 4 的个人总结，总结本任务的完成情况及成效，找出不足并提出改进措施，提升自身职业素养 3. 将学习任务评价表填写完整，与前面两个子任务的成果按任务要求一起提交给学习委员	

码 3-8 门铰链结构及门板结构图

码 3-9 板式门板结构图

家具结构设计	学习单元三 学习任务 4	姓名：		
		班级：	学号：	日期：

4.1 门铰链连接结构

1. 门铰链由哪几部分组成，门铰链安装后可以调节门板与门铰链的哪些尺寸？

2. 根据门与旁板位置的不同门可以分为哪三类，各用哪种门铰链？

3. 门铰链在安装的时候需要在门板和旁板上各打哪些孔位？

4.2 绘制给定尺寸的门板结构图纸

请绘制出给定尺寸的板式家具门板的结构图纸。

1. 门板尺寸为 750 mm × 400 mm × 15 mm，请绘制出门铰链在门板上的孔位图，并详细标注各个尺寸，注意标注样式。

2. 按照给定的门板孔位图例调整孔位尺寸及标注样式，注意图纸的美观性和规范性。门板的结构图纸最少使用两个视图来表现。

3. 用 AutoCAD 软件时注意图层设置、标注样式设置、线宽及线型设置等方面。绘制完成后将图纸用标准图框框起来，CAD 文件保存为低版本，建议保存成 2010 版或以下版本。

4. 图纸绘制完成后导出 PDF 文件，纸张尺寸为 A4，横向导出，打印样式调整至合理状态。

5. 根据导出的 PDF 文件检查图纸的规范性、准确性和美观性，有问题的地方返回源文件再次调整，重新导出。

6. 任务成果提交：最终提交 CAD 源文件和导出的 PDF 文件，文件名均以“小组成员姓名 +3–4 板式家具门板结构图纸”来命名。

4.3 任务评价

表 3-9 学习任务 4 评价表

评分项目			分值	评分要求	自评得分	小组评分	教师评分
综合素养	纪律情况（10 分）	不迟到、不早退，及时签到	5	违反三次不得分			
		学习用品准备齐全	5	用具不齐每次扣 2 分			
		执行教师指令	0	不服从管理扣 10—100 分			
	职业道德（15 分）	善于沟通，工作有计划，按时完成相关任务	5	没有按时完成任务，每次扣 2 分			
		场地、工作位干净整洁	5	养成好习惯，食物不进教室，发现一次扣 2 分			
		能与他人合作完成任务	5	各做各的作业，没有合作扣 2 分			
	综合能力（10 分）	积极思考问题、分析问题、解决问题的能力	5	能积极分析问题解决问题得 5 分			
		健康积极的工作态度、认真踏实的工作作风	5	工作态度好得 5 分			
核心技术	任务完成过程（30 分）	能准确了解任务要求	5	不按要求完成工作页扣 5 分			
		用专业词语回答问题，书写规范	5	用专业词语回答，规范性强得 5 分			
		创新能力体现	5	能体现创新思路的得 5 分			
		任务分工合理，成员间配合好	5	分工不合理，配合不好不得分			
		能合理利用各种资源为任务服务	10	不查阅相关资料的酌情扣 1—10 分			
	工作页提交或成果展示（20 分）	语言表达清晰准确	5	表达清晰准确得 1—5 分			
		内容完整、有逻辑	10	内容完整有逻辑得 1—5 分			
		追求完美，精益求精	5	精益求精得 5 分			
任务完成情况	按时按质完成（15 分）	按时提交工作页	5	不按时提交扣 5 分			
		字迹整洁、格式美观	5	格式美观，有设计感得 1—5 分			
		内容完成程度高，准确率高	5	完成度高，准确性高得 1—5 分			
得分合计							
总分（自评得分 ×20%+ 小组评分 ×30%+ 教师评分 ×50%）							

个人总结：请根据本次学习任务的完成情况，从个人综合素养提升、职业能力提升等方面进行小结。					
本人签字		组长签字		教师签字	

学习任务 5 绘制抽屉结构图纸

●建议学时：5 学时。

●任务描述：学习任务 5 主要有三个学习子任务，其中包含对学习任务 5 的评价，通过学习任务 5 明确主要任务和要求，看懂抽屉滑轨的连接结构并绘制抽屉结构图纸，具体任务及学习要求见表 3-10。

表 3-10 任务点及具体学习要求

序号	子任务内容	学习要求	备注
5.1	抽屉滑轨的连接结构	1. 学会与人合作，分工合理，发挥团队力量完成任务 2. 自主学习，主动思考，完成工作页上的内容 3. 能使用专业术语准确表达工作页的内容，提升自身职业素质 4. 根据工作页的任务来指引自己的学习内容 5. 能够看懂抽屉滑轨的连接结构，能区分不同抽屉滑轨类型 6. 独立完成工作页的任务，团队之间能完成互评 7. 能够自主学习电子资源里的内容，扩展学习内容	
5.2	绘制给定尺寸的抽屉结构图纸	1. 学会与人合作，分工合理，发挥团队力量完成任务 2. 自主学习，主动思考，完成工作页上的内容 3. 独立完成工作页的任务，团队之间能完成互评 4. 能利用前面学习任务的成果，用严谨的科学态度来绘制给定尺寸的抽屉结构图纸，执行行业企业标准，训练抽屉结构图纸的规范绘制 5. 使用不同的计算机软件辅助学习内容，弄清抽屉结构连接及部件间相对位置关系，发挥计算机软件的优势 6. 训练 CAD 图纸绘制能力，快速高效完成图纸绘制，能将 CAD 图纸导出为需要的格式文件 7. 能够严格要求自己，精益求精，保证榫卯结构的准确性和结构图纸的规范性，提升自身职业素质 8. 能够自主学习电子资源里的内容，扩展学习内容 9. 培养自己分析问题、解决问题的能力	
5.3	任务评价	1. 根据学习任务评价表中的评分项目及要求，完成自主评分、小组评分 2. 完成学习任务 5 的个人总结，总结本任务的完成情况及成效，找出不足并提出改进措施，提升自身职业素养 3. 将学习任务评价表填写完整，与前面两个子任务的成果按任务要求一起提交给学习委员	

码 3-10 抽屉结构

码 3-11 板式抽屉结构图实例

<table>
<tr><td rowspan="2">家具结构设计</td><td rowspan="2">学习单元三
学习任务 5</td><td colspan="3">姓名：</td></tr>
<tr><td>班级：</td><td>学号：</td><td>日期：</td></tr>
</table>

5.1 抽屉滑轨的连接结构

1. 抽屉滑轨由哪几部分组成，抽屉滑轨可以分为哪些形式？

2. 抽屉滑轨在安装过程中需要在板件上打哪些孔位？

5.2 绘制给定尺寸的抽屉结构图纸

请绘制出给定尺寸的抽屉结构图纸。

1. 抽屉面板 1 块：350 mm × 170 mm × 15 mm；抽屉侧板 2 块：370 mm × 90 mm × 15 mm；抽屉背板 1 块：280 mm（可修正）× 90 mm × 15 mm；抽屉底板 1 块，自己计算出长宽，底板厚度为 5 mm；凹槽自己定；孔位自己计算。

2. 抽屉侧板和抽屉面板的相对位置不同、背板与侧板的结构不同都会对抽屉背板和底板的尺寸产生影响，自己选定一种位置关系及结构形式，并确定抽屉背板的尺寸。

3. 按照前面任务中的图例调整孔位尺寸及标注样式，注意图纸的美观性和规范性。

4. 先用草图大师将抽屉的模型建立出来，确定每个板件的具体尺寸和结构形式。用快捷键命令进行建模，每个部件做好后做成群组或组件，养成良好的习惯，文件保存时要保存成低版本，建议保存成 2020 版或以下版本。

5. 着重留意抽屉底板与其他板件的连接方式。

6. 抽屉结构 CAD 图纸包含抽屉三视图和每个部件的结构图，部件的结构图纸最少要使用两个视图来表现。

7. 用 AutoCAD 软件时注意图层设置、标注样式设置、线宽及线型设置等方面，用快捷键命令进行建模。绘制完成后将图纸用标准图框框起来，CAD 源文件保存成低版本，建议保存成 2010 版或以下版本。

8. 图纸绘制完成后导出 PDF 文件，纸张尺寸为 A4，横向导出，打印样式调整至合理状态。

9. 根据导出的 PDF 文件检查图纸的规范性、准确性和美观性，有问题的地方返回源文件再次调整，重新导出。

10. 任务成果提交：最终提交 skp 源文件，文件以“小组成员姓名 +3–5 绘制抽屉结构图纸”来命名。同时提交 CAD 源文件和导出的 PDF 文件，文件名均以“小组成员姓名 +3–5 绘制抽屉结构图纸”来命名。

5.3 任务评价

表 3-11 学习任务 5 评价表

评分项目			分值	评分要求	自评得分	小组评分	教师评分
综合素养	纪律情况（10分）	不迟到、不早退，及时签到	5	违反三次不得分			
		学习用品准备齐全	5	用具不齐每次扣 2 分			
		执行教师指令	0	不服从管理扣 10—100 分			
	职业道德（15分）	善于沟通，工作有计划，按时完成相关任务	5	没有按时完成任务，每次扣 2 分			
		场地、工作位干净整洁	5	养成好习惯，食物不进教室，发现一次扣 2 分			
		能与他人合作完成任务	5	各做各的作业，没有合作扣 2 分			
	综合能力（10分）	积极思考问题、分析问题、解决问题的能力	5	能积极分析问题解决问题得 5 分			
		健康积极的工作态度、认真踏实的工作作风	5	工作态度好得 5 分			
核心技术	任务完成过程（30分）	能准确了解任务要求	5	不按要求完成工作页扣 5 分			
		用专业词语回答问题，书写规范	5	用专业词语回答，规范性强得 5 分			
		创新能力体现	5	能体现创新思路的得 5 分			
		任务分工合理，成员间配合好	5	分工不合理，配合不好不得分			
		能合理利用各种资源为任务服务	10	不查阅相关资料的酌情扣 1—10 分			
	工作页提交或成果展示（20分）	语言表达清晰准确	5	表达清晰准确得 1—5 分			
		内容完整、有逻辑	10	内容完整有逻辑得 1—5 分			
		追求完美，精益求精	5	精益求精得 5 分			
任务完成情况	按时按质完成（15分）	按时提交工作页	5	不按时提交扣 5 分			
		字迹整洁、格式美观	5	格式美观，有设计感得 1—5 分			
		内容完成程度高，准确率高	5	完成度高，准确性高得 1—5 分			
得分合计							
总分（自评得分 ×20%+ 小组评分 ×30%+ 教师评分 ×50%）							
个人总结：请根据本次学习任务的完成情况，从个人综合素养提升、职业能力提升等方面进行小结。							

本人签字		组长签字		教师签字	

学习任务 6
板式家具结构案例及图例修改

●建议学时：5 学时。

●任务描述：学习任务 6 主要有四个学习子任务，其中包含对学习任务 6 的评价，通过学习任务 6 明确主要任务和要求，能看懂板式家具结构图纸的内容，学会板式家具结构孔位的计算方法，学会板式家具结构图纸的绘图规范和绘图方法，具体任务及学习要求见表 3-12。

表 3-12 任务点及具体学习要求

序号	子任务内容	学习要求	备注
6.1	看懂板式家具结构图纸的各项内容	1. 自主学习，主动思考，完成工作页上的内容 2. 学会与人合作，分工合理，发挥团队力量完成任务 3. 通过一套板式家具结构图纸来学习图纸绘制方法，提升自身职业技能 4. 能够看懂每张图纸里面的内容，包括图纸里的线条、图框、文字、标注等 5. 通过看图得出结论，如结构图纸都包含哪些内容，有哪些注意事项等 6. 重点内容或有疑问的地方请在图纸上进行标记或批注 7. 培养自己分析问题、解决问题的能力	
6.2	会计算板式家具结构孔的孔位尺寸	1. 自主学习，主动思考，完成工作页上的内容 2. 学会与人合作，分工合理，发挥团队力量完成任务 3. 看懂板式家具结构图纸中各类孔位，弄清板件的相对位置关系，看懂每个孔位的计算方法及绘图标准，分清不同的背板连接方式 4. 重点内容或有疑问的地方请在图纸上进行标记或批注 5. 学习行业企业图纸绘制规范及标准，提升自身职业素质 6. 以高标准严格要求自己，孔位计算不能有丝毫马虎，1 mm 的偏差都会造成严重的不良后果 7. 培养自己分析问题、解决问题的能力	
6.3	修改板式家具结构图纸	1. 自主学习，主动思考，完成工作页上的内容 2. 学会与人合作，分工合理，发挥团队力量完成任务 3. 结合前面两个子任务的学习成果，找出本套图纸中不规范和错误的地方，请在图纸上进行标记或批注 4. 能发现问题，并且概括性地列出问题，为后续自己绘图打好基础，提升自身职业素质 5. 培养自己分析问题、解决问题的能力	
6.4	任务评价	1. 根据学习任务评价表中的评分项目及要求，完成自主评分、小组评分 2. 完成学习任务 6 的个人总结，总结本任务的完成情况及成效，找出不足并提出改进措施，提升自身职业素养 3. 将学习任务评价表填写完整，与前面三个子任务的成果按任务要求一起提交给学习委员	

家具结构设计	学习单元三 学习任务 6	姓名：		
		班级：	学号：	日期：

6.1 看懂板式家具结构图纸的各项内容

根据下面板式家具结构图纸实例，2—3 人一组，分析板式家具结构图纸都包含哪些内容，有哪些事项需要特别注意？请逐条列出，重点内容可以在图纸上进行标记或批注。

____

____

____

____

____

____

____

____

■抽屉柜结构图纸实例

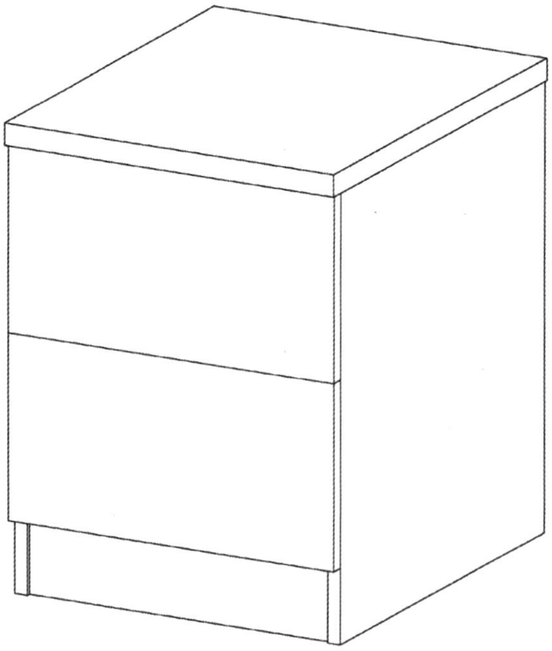

产品名称
抽屉柜
规格
L400×W480×H530
图纸名称
抽屉柜轴测图
材质 刨花板
数量 1
比例
单位 mm
其他说明
日期
作者
页码
共 13 页
第 1 页

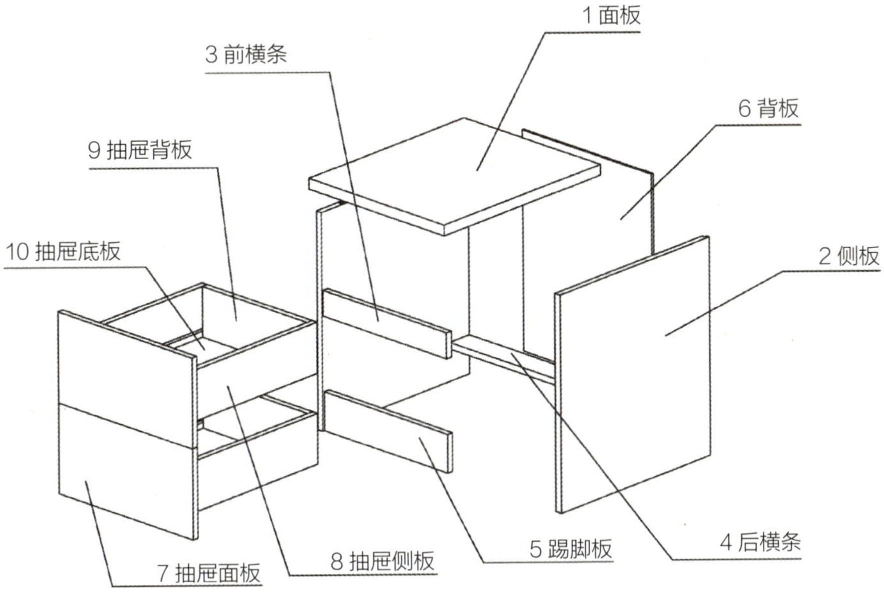

产品名称
抽屉柜
规格
L400 × W480 × H530
图纸名称
抽屉柜部件名称图
材质 刨花板
数量 1
比例
单位 mm
其他说明
日期
作者
页码
共 13 页
第 2 页

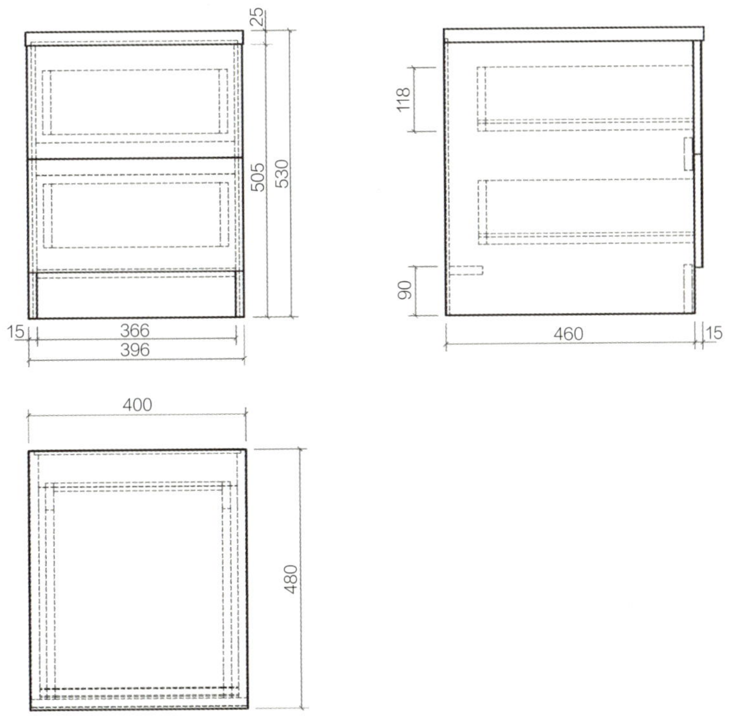

产品名称
抽屉柜
规格
L400 × W480 × H530
图纸名称
抽屉柜三视图
材质 刨花板
数量 1
比例 1 ∶ 8
单位 mm
其他说明
日期
作者
页码
共 13 页
第 3 页

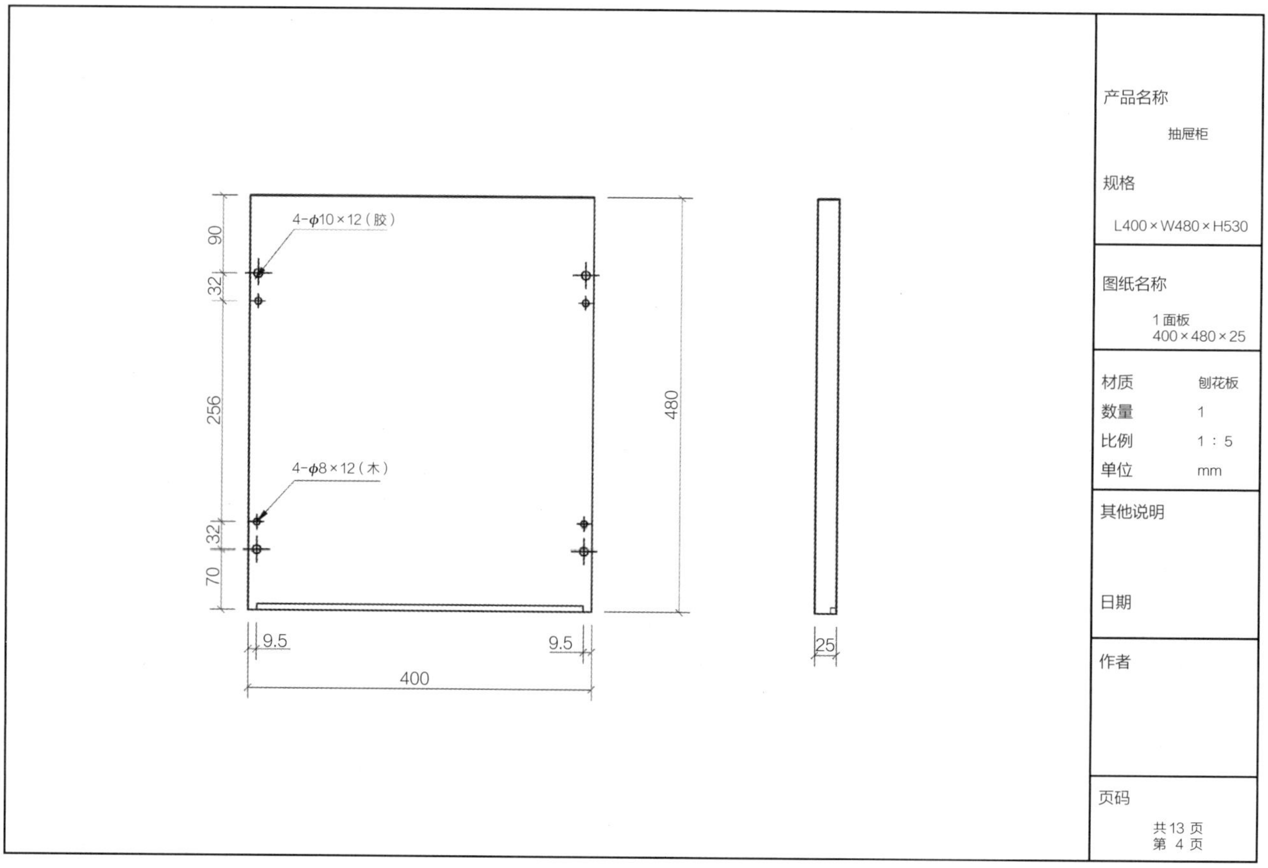
4-φ10×12（胶）
4-φ8×12（木）
90
32
256
32
70
480
9.5
9.5
400
25
产品名称
抽屉柜
规格
L400×W480×H530
图纸名称
1 面板
400×480×25
材质 刨花板
数量 1
比例 1：5
单位 mm
其他说明
日期
作者
页码
共 13 页
第 4 页

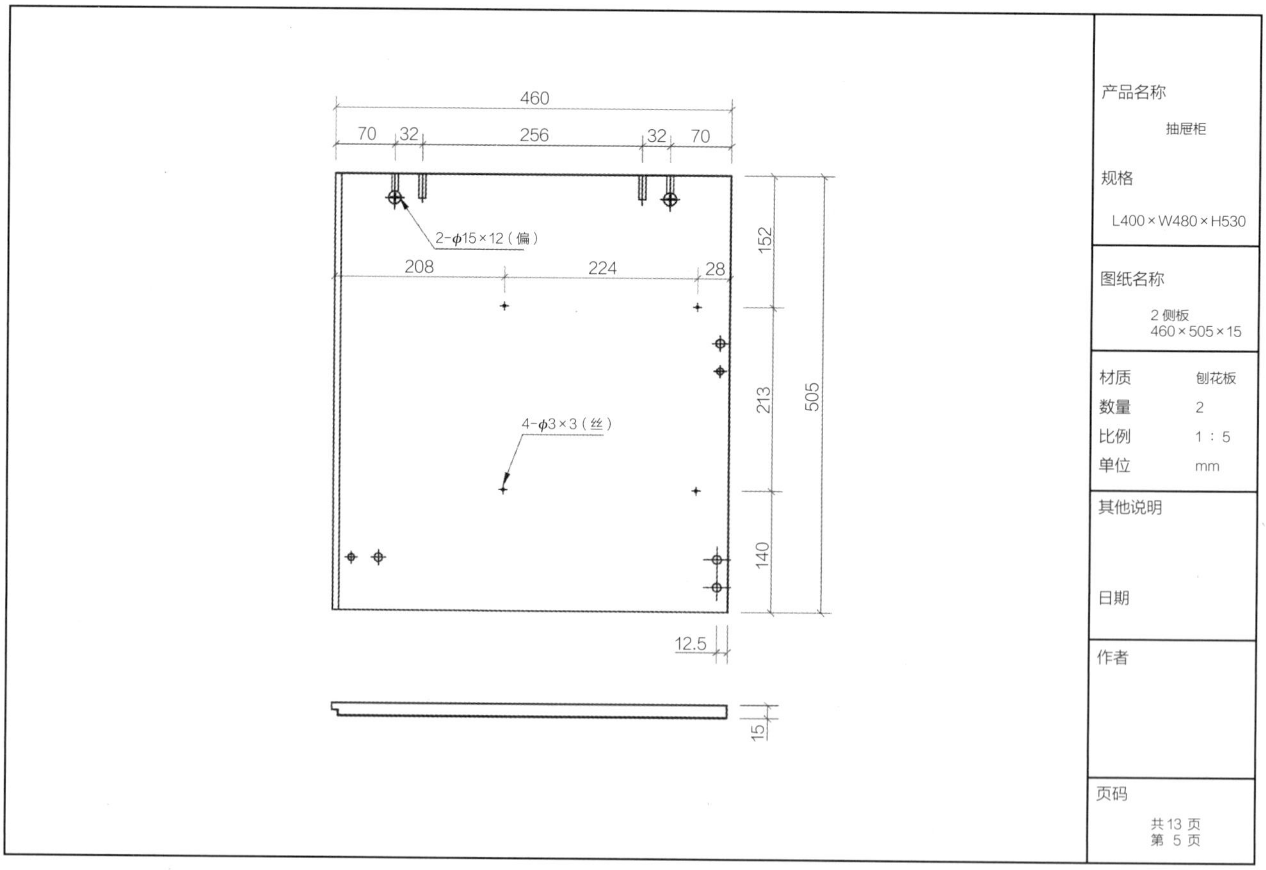
460
70
32
256
32
70
2-φ15×12（偏）
208
224
28
4-φ3×3（丝）
152
213
140
505
12.5
15
产品名称
抽屉柜
规格
L400×W480×H530
图纸名称
2 侧板
460×505×15
材质 刨花板
数量 2
比例 1：5
单位 mm
其他说明
日期
作者
页码
共 13 页
第 5 页

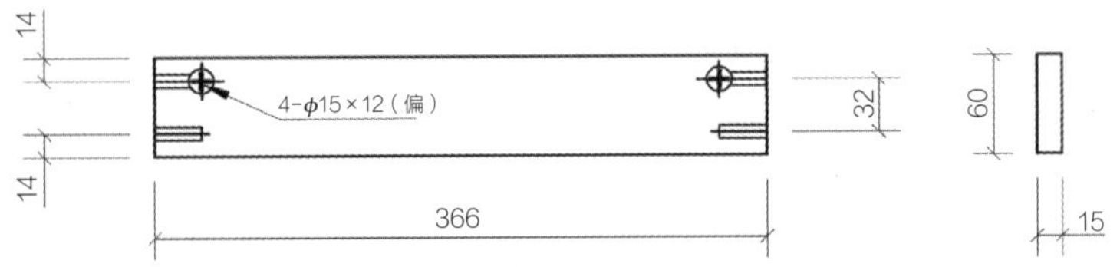

产品名称	抽屉柜
规格	L400×W480×H530
图纸名称	3 前横条、4 后横条 366×60×15
材质	刨花板
数量	2
比例	1 : 4
单位	mm
其他说明	
日期	
作者	
页码	共 13 页 第 6 页

产品名称	抽屉柜
规格	L400×W480×H530
图纸名称	5 踢脚板 366×90×15
材质	刨花板
数量	1
比例	1 : 4
单位	mm
其他说明	
日期	
作者	
页码	共 13 页 第 7 页

产品名称	抽屉柜
规格	L400×W480×H530
图纸名称	6 背板 512×380×15
材质	刨花板
数量	1
比例	1 : 4
单位	mm
其他说明	
日期	
作者	
页码	共 13 页 第 8 页

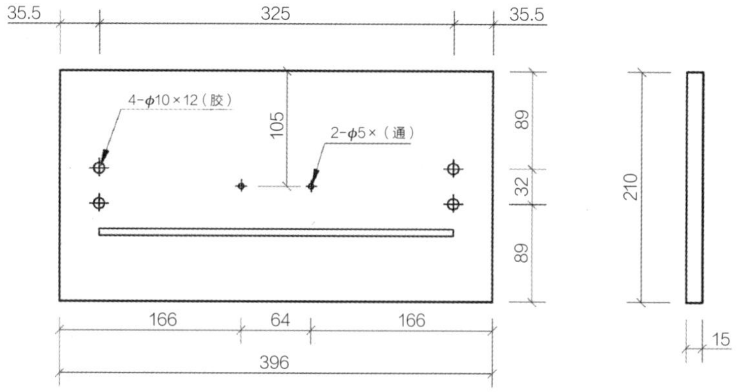

产品名称	抽屉柜
规格	L400×W480×H530
图纸名称	7 抽屉面板 396×210×15
材质	刨花板
数量	2
比例	1 : 4
单位	mm
其他说明	
日期	
作者	
页码	共 13 页 第 9 页

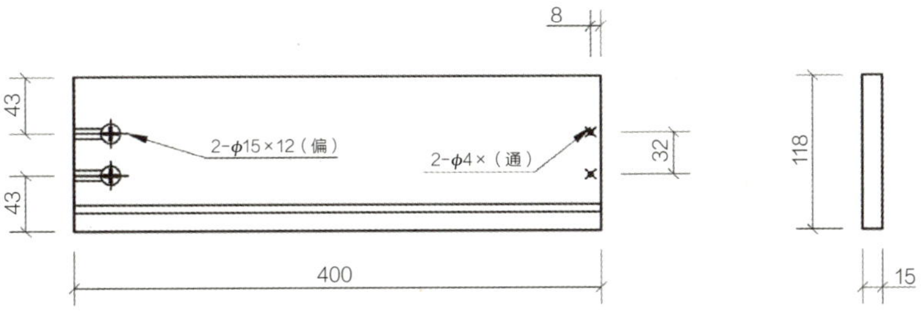

产品名称	抽屉柜
规格	L400×W480×H530
图纸名称	8 抽屉侧板 400×118×15
材质	刨花板
数量	4
比例	1：4
单位	mm
其他说明	
日期	
作者	
页码	共 13 页 第 10 页

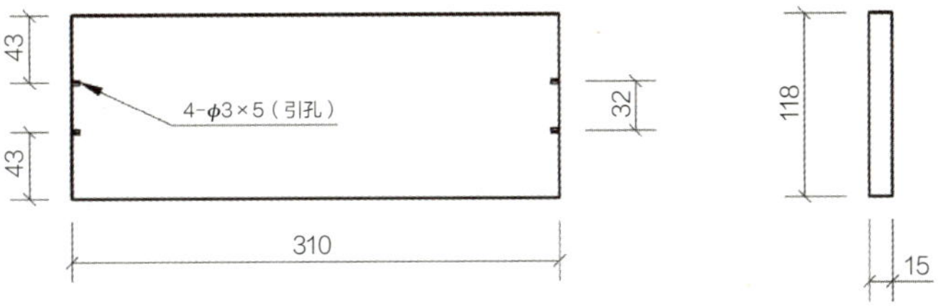

产品名称	抽屉柜
规格	L400×W480×H530
图纸名称	9 抽屉背板 310×118×15
材质	刨花板
数量	2
比例	1：4
单位	mm
其他说明	
日期	
作者	
页码	共 13 页 第 11 页

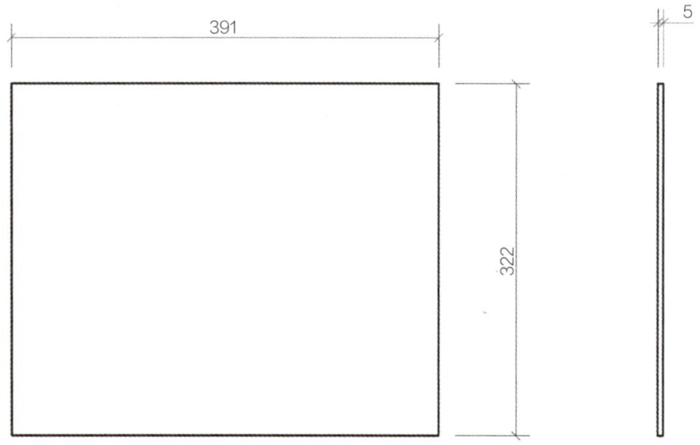

产品名称

抽屉柜

规格

L400×W480×H530

图纸名称

10 抽屉底板
391×322×5

材质 中纤板
数量 2
比例 1 : 4
单位 mm

其他说明

日期

作者

页码

共 13 页
第 12 页

抽屉柜部件清单表

序号	名称	规格	数量	材料	备注
1	面板	400×480×25	1	刨花板	
2	侧板	505×460×15	2	刨花板	
3	前横条	366×60×15	1	刨花板	
4	后横条	366×60×15	1	刨花板	
5	踢脚板	366×90×15	1	刨花板	
6	背板	512×380×5	1	中纤板	
7	抽屉面板	396×210×15	2	刨花板	
8	抽屉侧板	400×118×15	4	刨花板	
9	抽屉背板	310×118×15	2	刨花板	
10	抽屉底板	391×322×5	2	中纤板	

产品名称

抽屉柜

规格

L400×W480×H530

图纸名称

抽屉柜部件清单表

材质 刨花板
数量 1
比例
单位 mm

其他说明

日期

作者

页码

共 13 页
第 13 页

6.2 会计算板式家具结构孔的孔位尺寸

能看懂板式家具结构图纸中各类孔位，弄清板件的相对位置关系，看懂每个孔位的计算方法及绘图标准，分清不同的背板连接方式。请在下面图中标记出看不懂的地方，可以随意进行批注，保证每张图纸都能看懂。

■储藏柜结构图纸实例

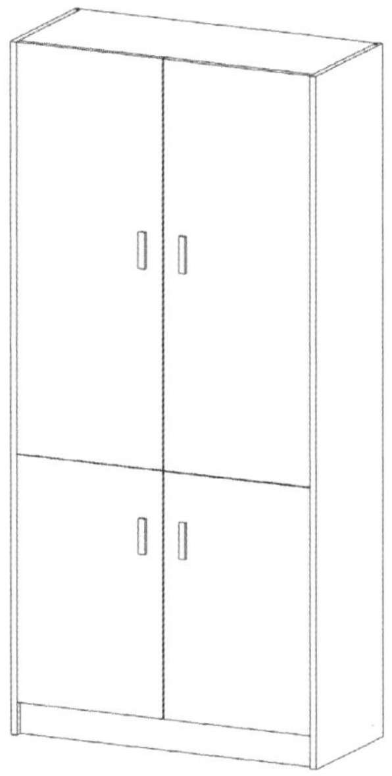

产品名称	储藏柜
规格	L897×W398×H1900
图纸名称	储藏柜轴测图
材质	刨花板
数量	1
比例	
单位	mm
其他说明	
日期	
作者	
页码	共 13 页 第 1 页

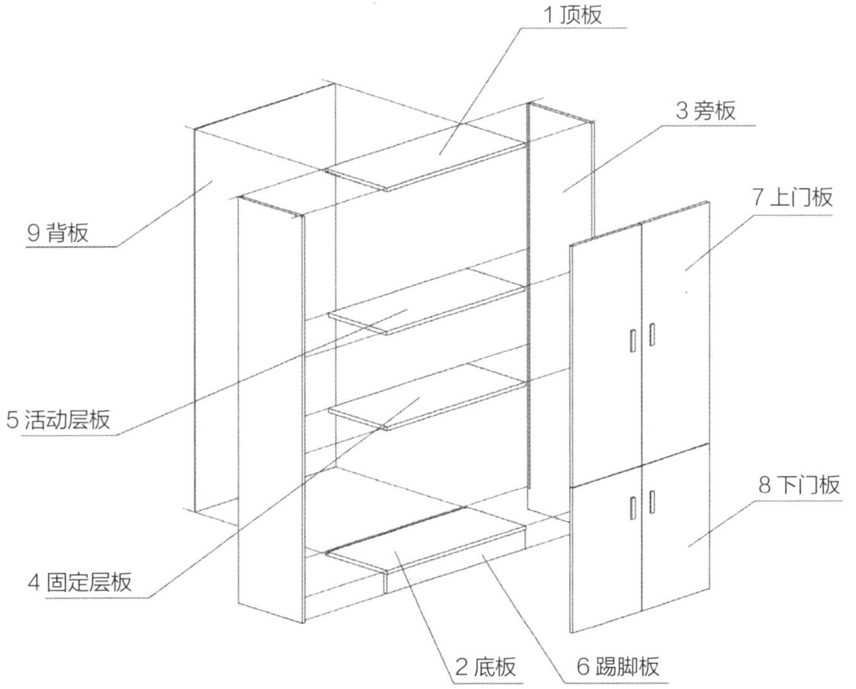

产品名称	储藏柜
规格	L897×W398×H1900
图纸名称	储藏柜部件名称图
材质	刨花板
数量	1
比例	
单位	mm
其他说明	
日期	
作者	
页码	共 13 页 第 2 页

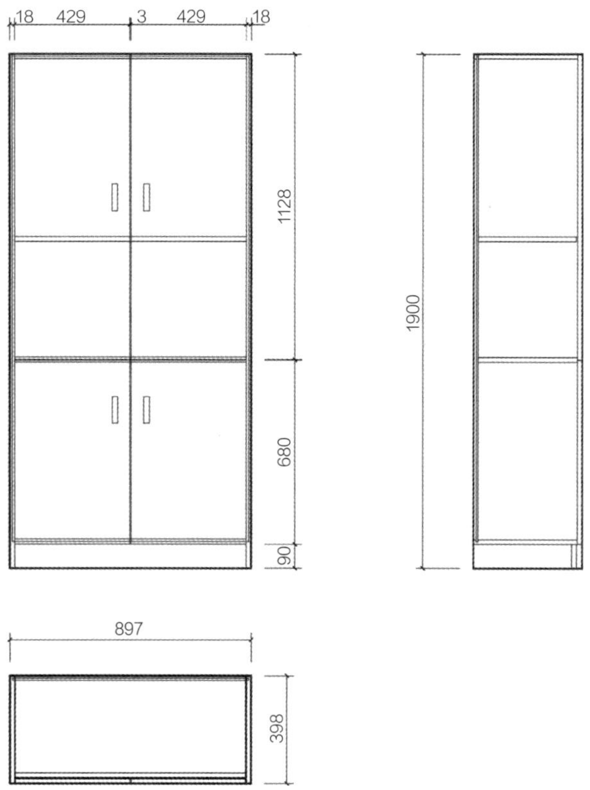

产品名称 储藏柜
规格 L897 × W398 × H1900
图纸名称 储藏柜三视图
材质 刨花板
数量 1
比例 1 : 16
单位 mm
其他说明
日期
作者
页码 共 13 页 第 3 页

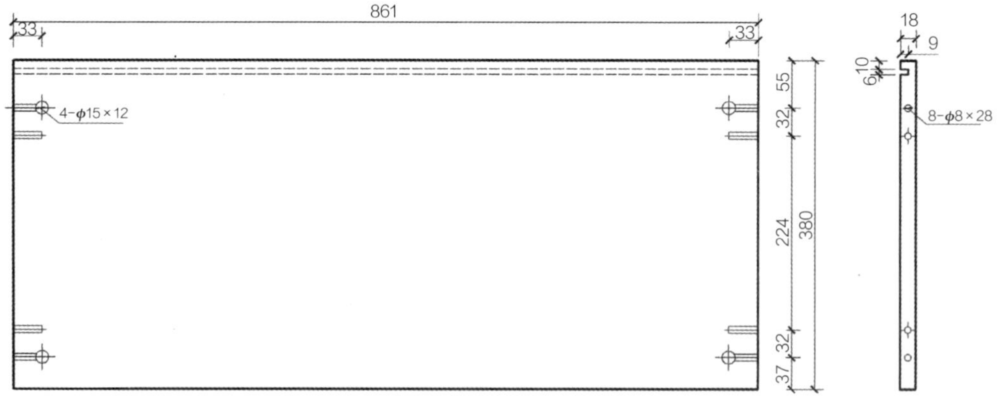

产品名称 储藏柜
规格 L897 × W398 × H1900
图纸名称 1 顶板 861 × 380 × 18
材质 刨花板
数量 1
比例 1 : 5
单位 mm
其他说明
日期
作者
页码 共 13 页 第 4 页

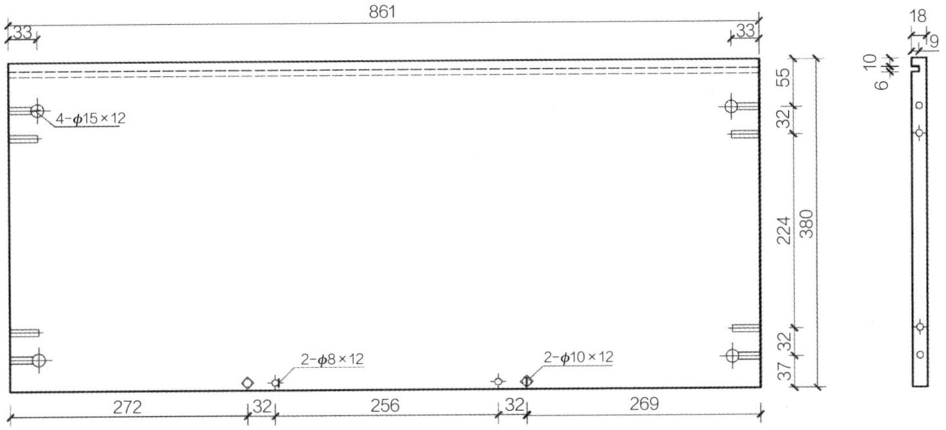

产品名称	储藏柜
规格	L897×W398×H1900
图纸名称	2 底板 861×380×18
材质	刨花板
数量	1
比例	1 ∶ 5
单位	mm
其他说明	
日期	
作者	
页码	共 13 页 第 5 页

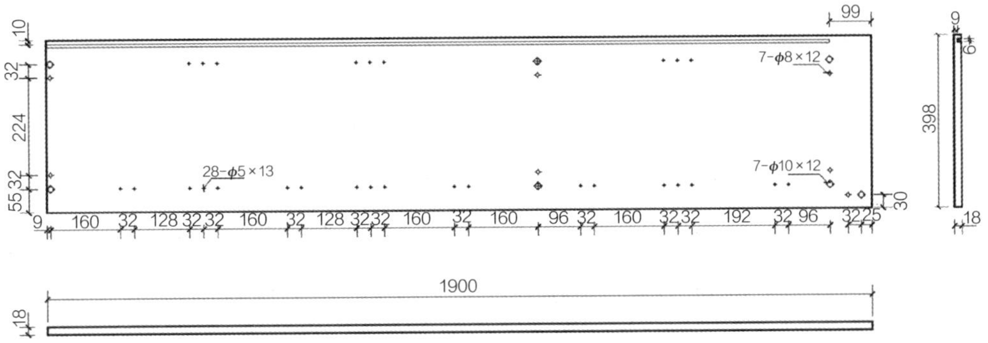

产品名称	储藏柜
规格	L897×W398×H1900
图纸名称	3 旁板 1900×398×18
材质	刨花板
数量	1
比例	1 ∶ 10
单位	mm
其他说明	
日期	
作者	
页码	共 13 页 第 6 页

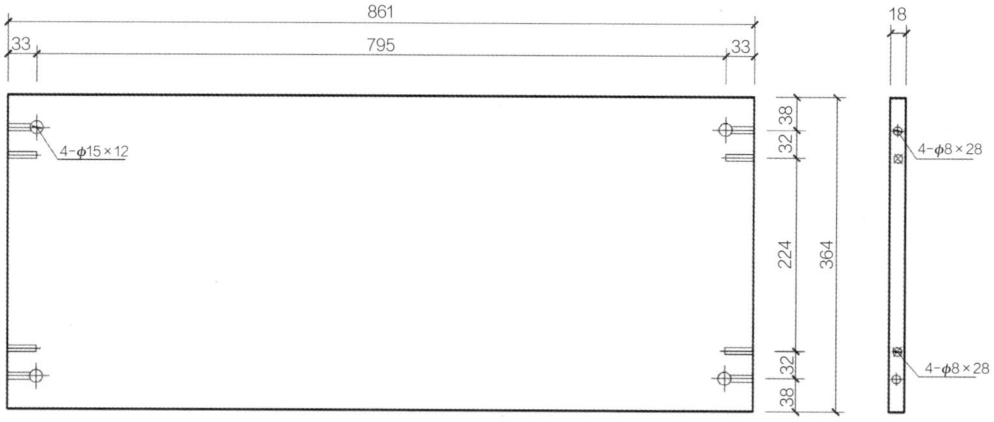

产品名称
储藏柜
规格
L897×W398×H1900
图纸名称
4 固定层板
861×364×18

材质	刨花板
数量	1
比例	1 : 5
单位	mm

其他说明
日期
作者
页码
共 13 页
第 7 页

产品名称
储藏柜
规格
L897×W398×H1900
图纸名称
5 活动层板
860×360×18

材质	刨花板
数量	1
比例	1 : 5
单位	mm

其他说明
日期
作者
页码
共 13 页
第 8 页

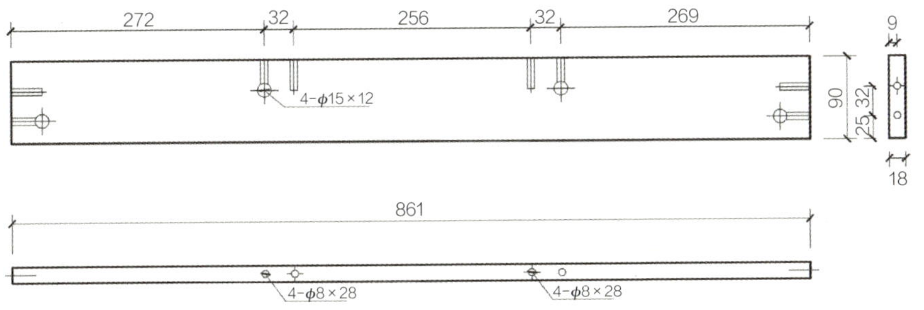

产品名称
储藏柜

规格
L897×W398×H1900

图纸名称
6 踢脚板
861×90×18

材质 刨花板
数量 1
比例 1 : 5
单位 mm

其他说明

日期

作者

页码
共 13 页
第 9 页

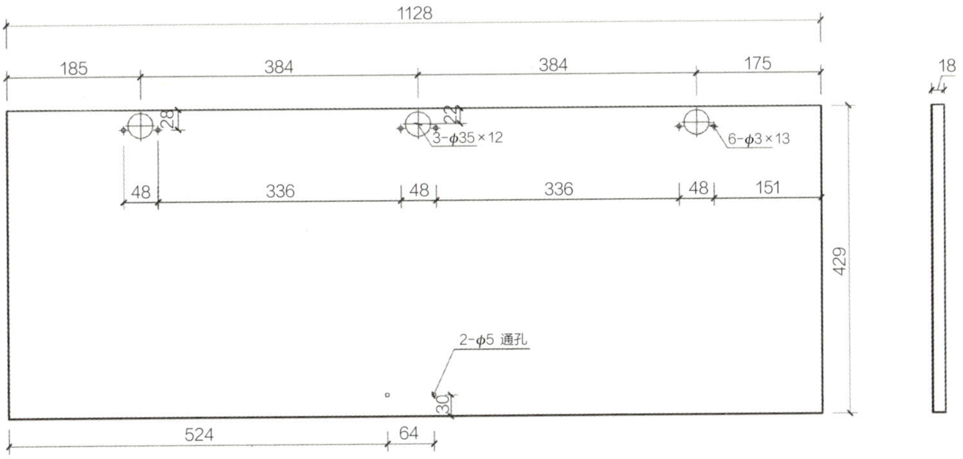

产品名称
储藏柜

规格
L897×W398×H1900

图纸名称
7 上门板
1128×429×18

材质 刨花板
数量 1
比例 1 : 6
单位 mm

其他说明

日期

作者

页码
共 13 页
第 10 页

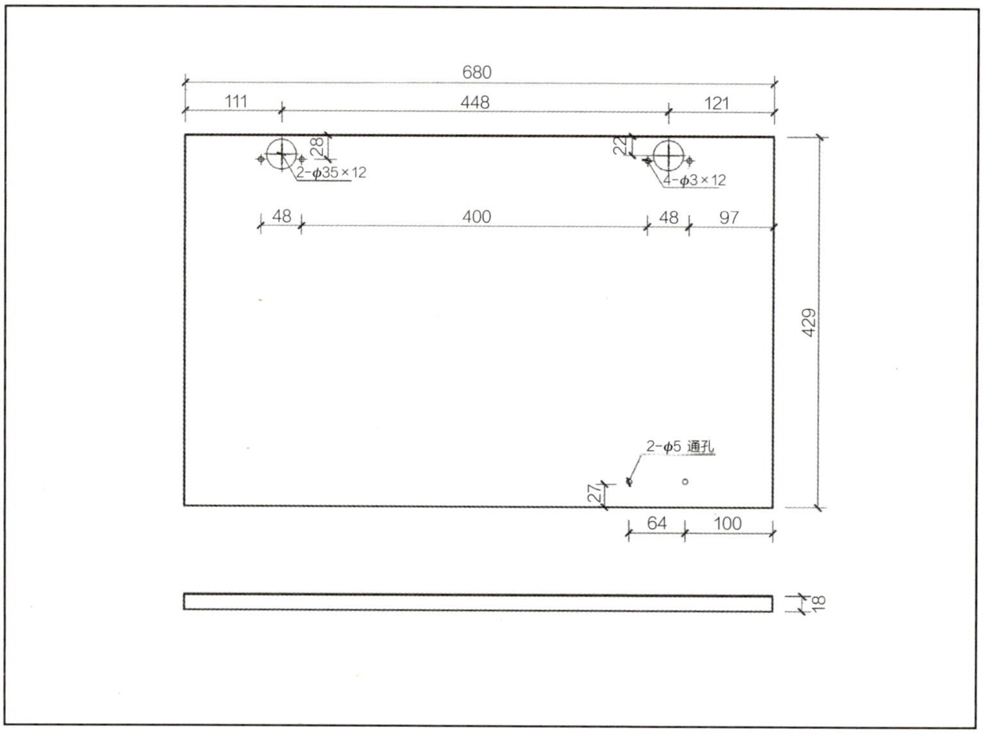

产品名称	储藏柜
规格	L897×W398×H1900
图纸名称	8 下门板 680×429×18
材质	刨花板
数量	1
比例	1 ∶ 5
单位	mm
其他说明	
日期	
作者	
页码	共 13 页 第 11 页

产品名称	储藏柜
规格	L897×W398×H1900
图纸名称	9 背板 1792×879×5
材质	刨花板
数量	1
比例	1 ∶ 10
单位	mm
其他说明	
日期	
作者	
页码	共 13 页 第 12 页

储藏柜部件清单表					
序号	名称	规格	数量	材料	备注
1	顶板	861×380×18	1	刨花板	
2	底板	861×380×18	1	刨花板	
3	旁板	1900×398×18	2	刨花板	
4	固定层板	861×364×18	1	刨花板	
5	活动层板	860×360×18	1	刨花板	
6	踢脚板	861×90×18	1	刨花板	
7	上门板	1128×429×18	2	中纤板	
8	下门板	680×429×18	2	刨花板	
9	背板	1792×879×5	1	中纤板	

产品名称 储藏柜
规格 L897×W398×H1900
图纸名称 部件清单表
材质
数量 1
比例
单位 mm
其他说明
日期
作者
页码 共13页 第13页

■储物柜结构图纸实例

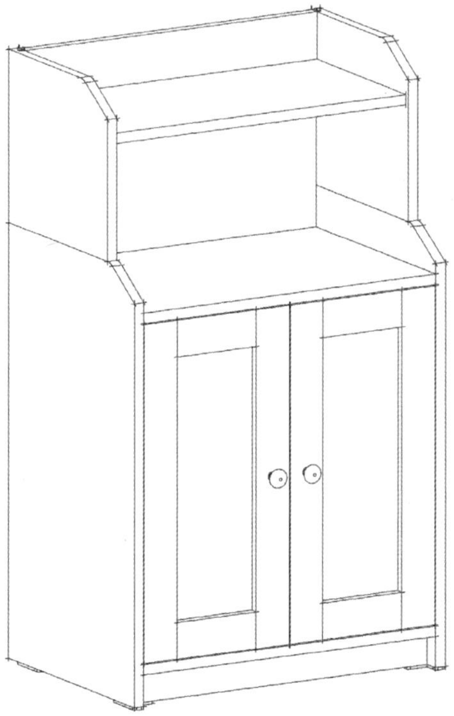

产品名称 储物柜
规格 L660×W460×H1165
图纸名称 储物柜立体图
材质 刨花板
数量 1
比例 1：8
单位 mm
其他说明
日期
作者
页码 共15页 第1页

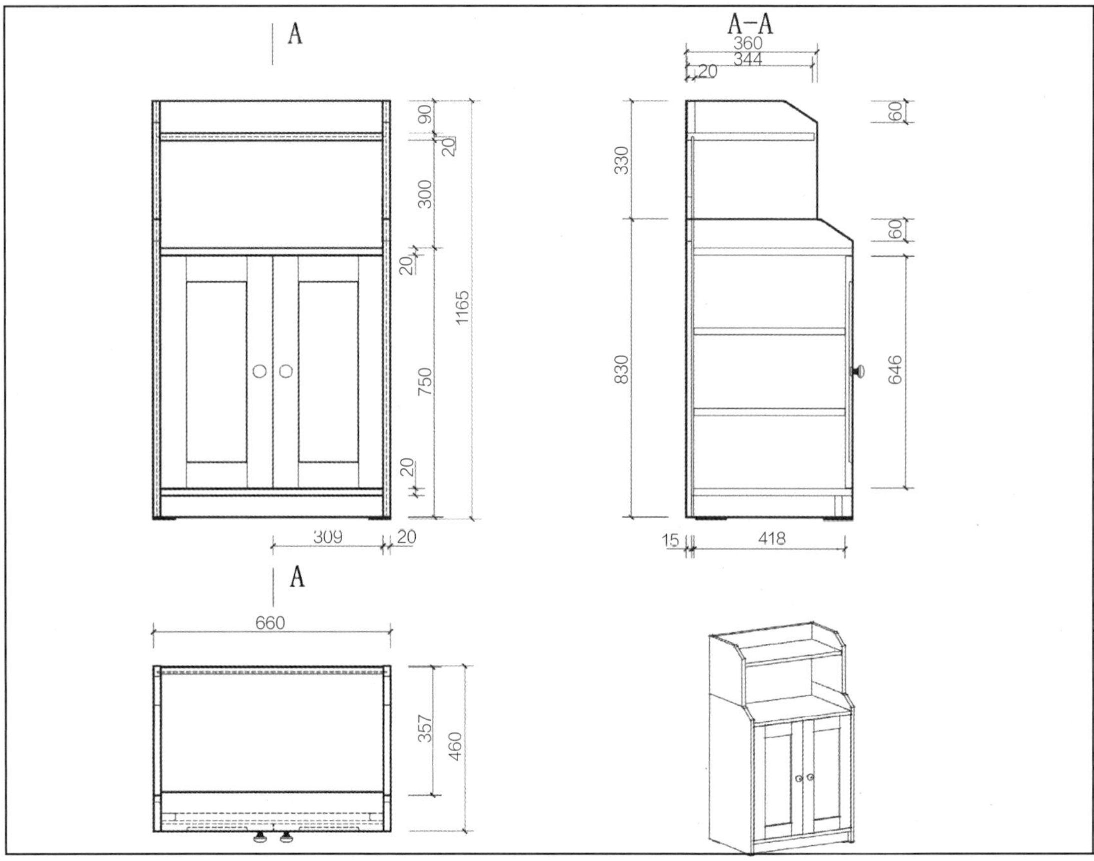

产品名称
储物柜
规格
L660 × W460 × H1165
图纸名称
储物柜三视图

材质	刨花板
数量	1
比例	1 : 12
单位	mm

其他说明

日期

作者

页码
共 15 页
第 2 页

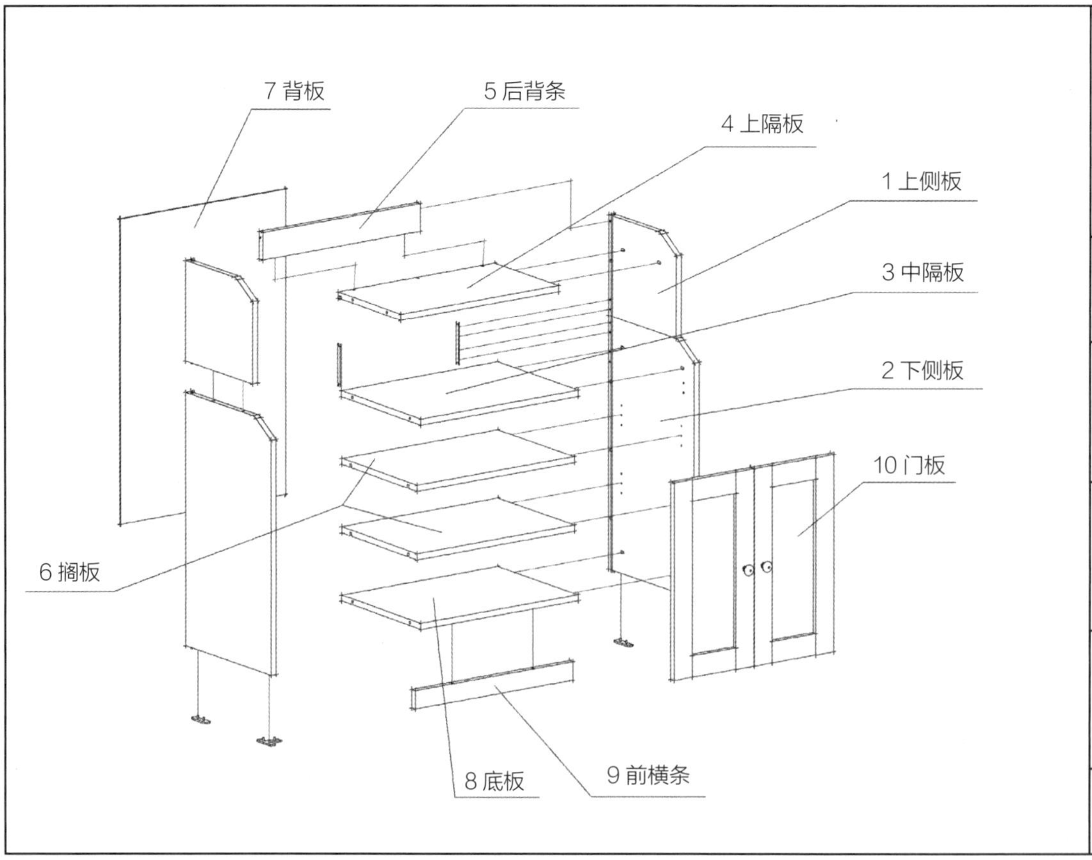

产品名称
储物柜
规格
L660 × W460 × H1165
图纸名称
储物柜部件名称图

材质	刨花板
数量	1
比例	1 : 8
单位	mm

其他说明

日期

作者

页码
共 15 页
第 3 页

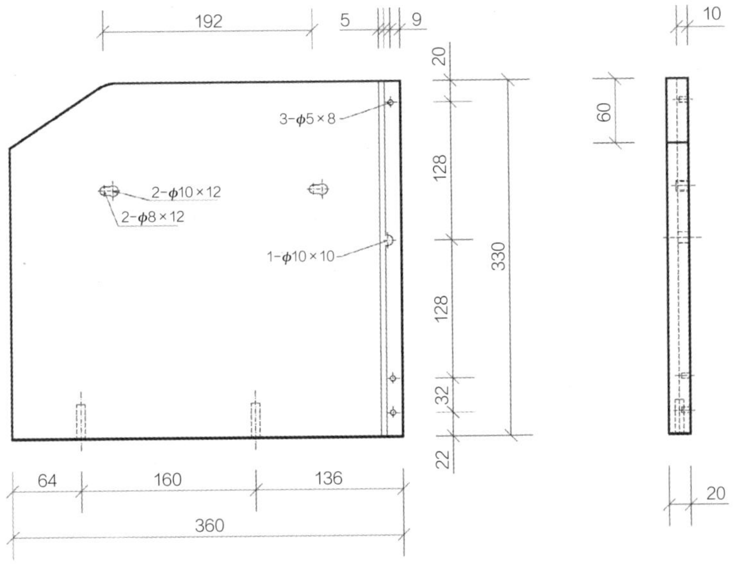

产品名称	储物柜
规格	L660×W460×H1165
图纸名称	1 上侧板
材质	刨花板
数量	1
比例	1 : 4
单位	mm
其他说明	
日期	
作者	
页码	共 15 页 第 4 页

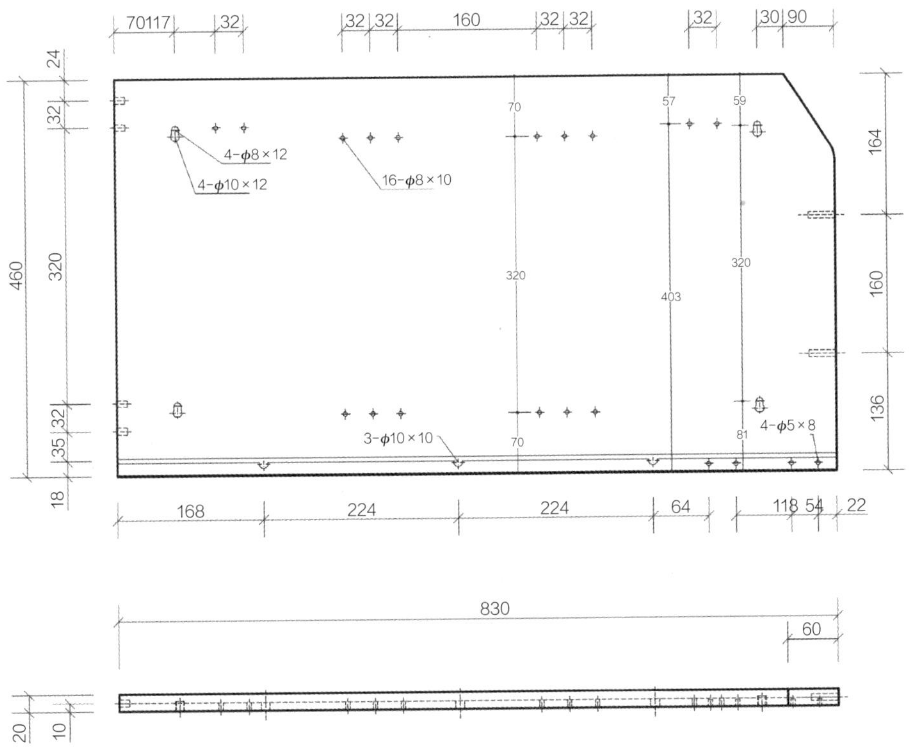

产品名称	储物柜
规格	L660×W460×H1165
图纸名称	2 下侧板
材质	刨花板
数量	1
比例	1 : 5
单位	mm
其他说明	
日期	
作者	
页码	共 15 页 第 5 页

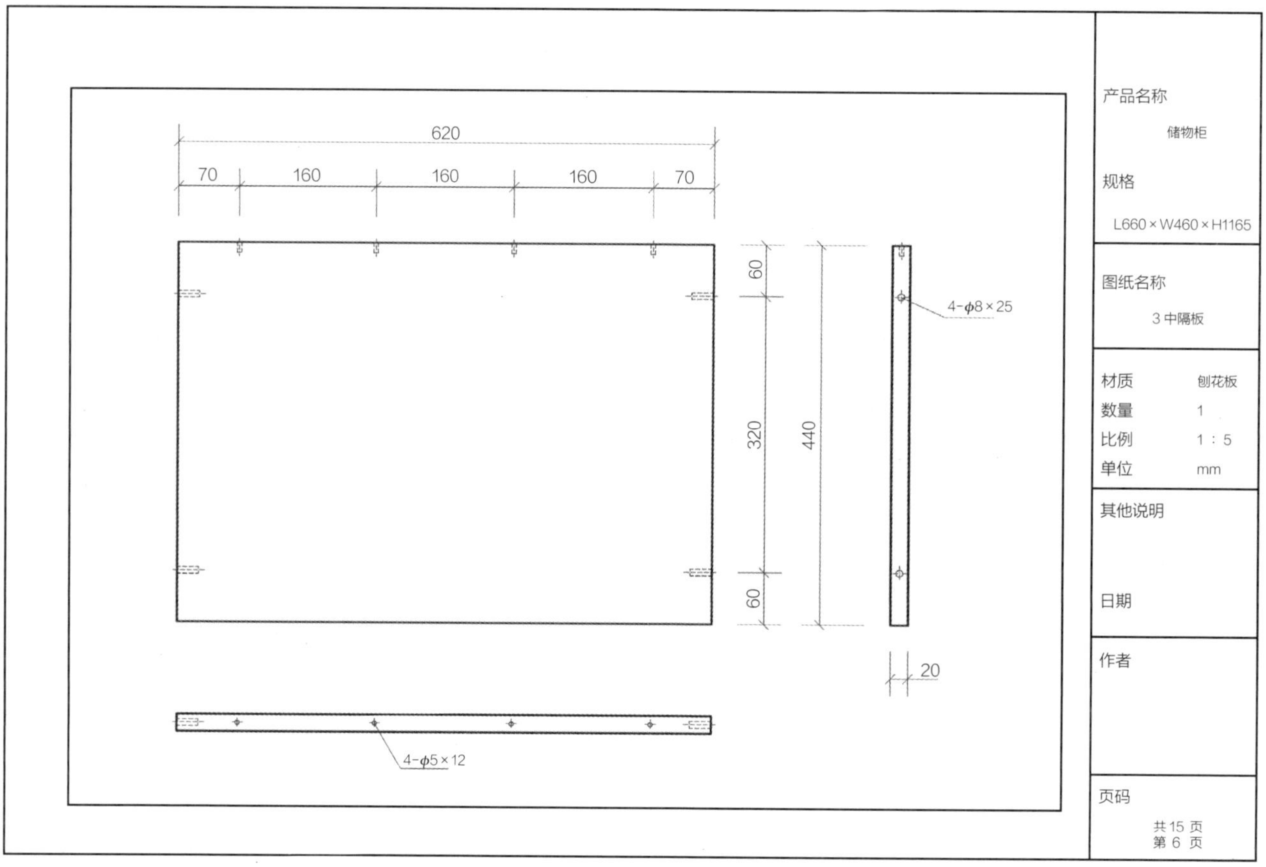
620
70
160
160
160
70
60
320
440
60
4-φ8×25
20
4-φ5×12
产品名称
储物柜
规格
L660×W460×H1165
图纸名称
3 中隔板
材质 刨花板
数量 1
比例 1 : 5
单位 mm
其他说明
日期
作者
页码
共 15 页
第 6 页

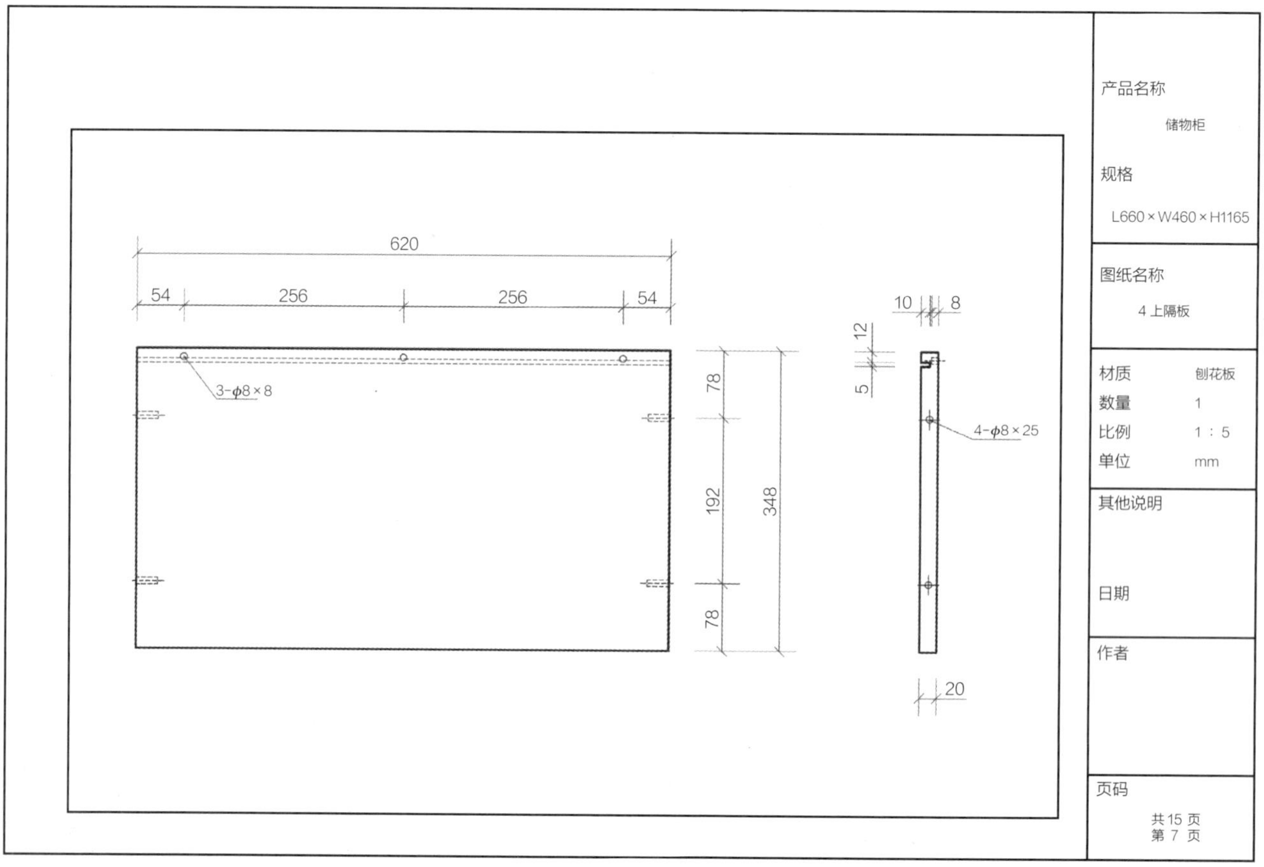
620
54
256
256
54
3-φ8×8
78
192
348
78
10
8
12
5
4-φ8×25
20
产品名称
储物柜
规格
L660×W460×H1165
图纸名称
4 上隔板
材质 刨花板
数量 1
比例 1 : 5
单位 mm
其他说明
日期
作者
页码
共 15 页
第 7 页

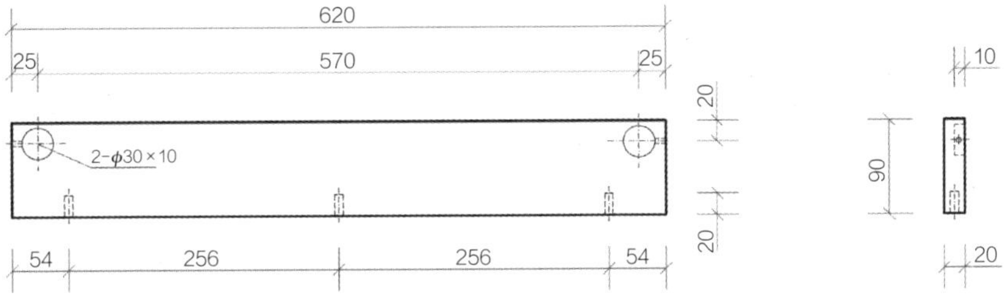

产品名称
储物柜

规格
L660×W460×H1165

图纸名称
5 后背条

材质	刨花板
数量	1
比例	1 : 5
单位	mm

其他说明

日期

作者

页码
共 15 页
第 8 页

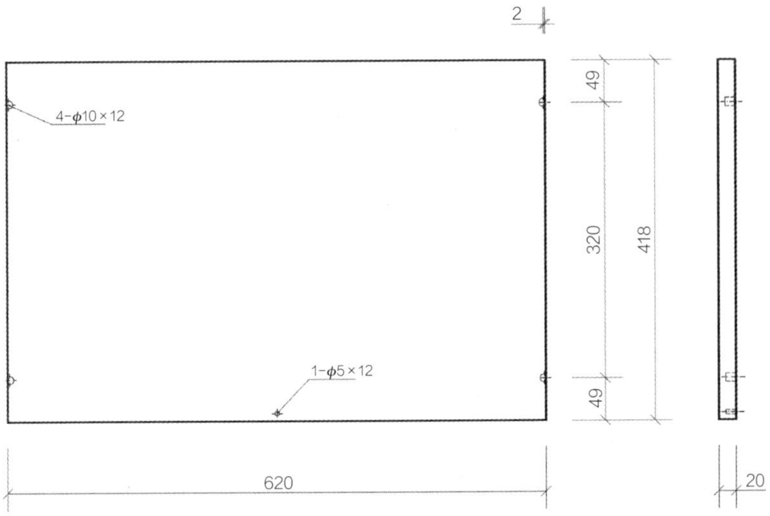

产品名称
储物柜

规格
L660×W460×H1165

图纸名称
6 搁板

材质	刨花板
数量	1
比例	1 : 5
单位	mm

其他说明

日期

作者

页码
共 15 页
第 9 页

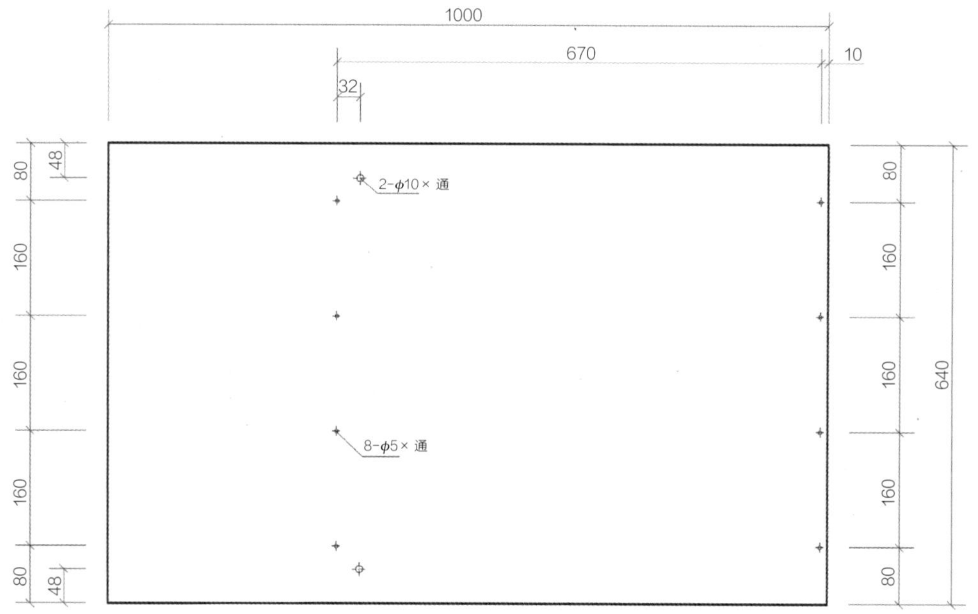

产品名称	储物柜
规格	L660×W460×H1165
图纸名称	7 背板
材质	刨花板
数量	1
比例	1 : 6
单位	mm
其他说明	
日期	
作者	
页码	共 15 页 第 10 页

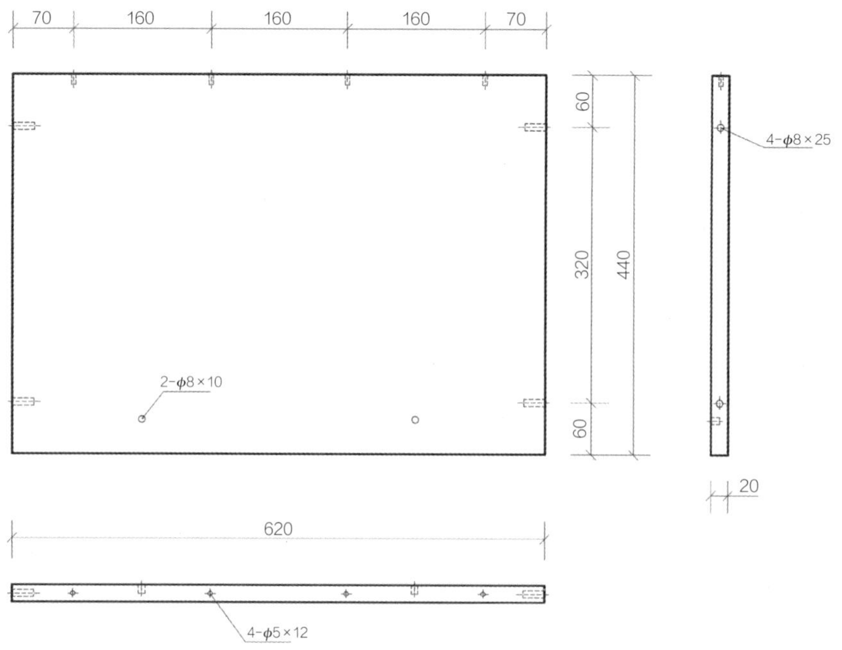

产品名称	储物柜
规格	L660×W460×H1165
图纸名称	8 底板
材质	刨花板
数量	1
比例	1 : 5
单位	mm
其他说明	
日期	
作者	
页码	共 15 页 第 11 页

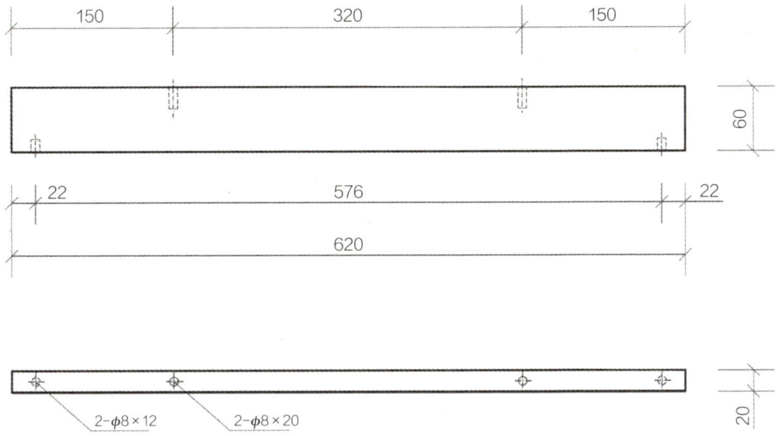

产品名称	储物柜
规格	L660×W460×H1165
图纸名称	9 前横条
材质	刨花板
数量	1
比例	1 : 4
单位	mm
其他说明	
日期	
作者	
页码	共 15 页 第 12 页

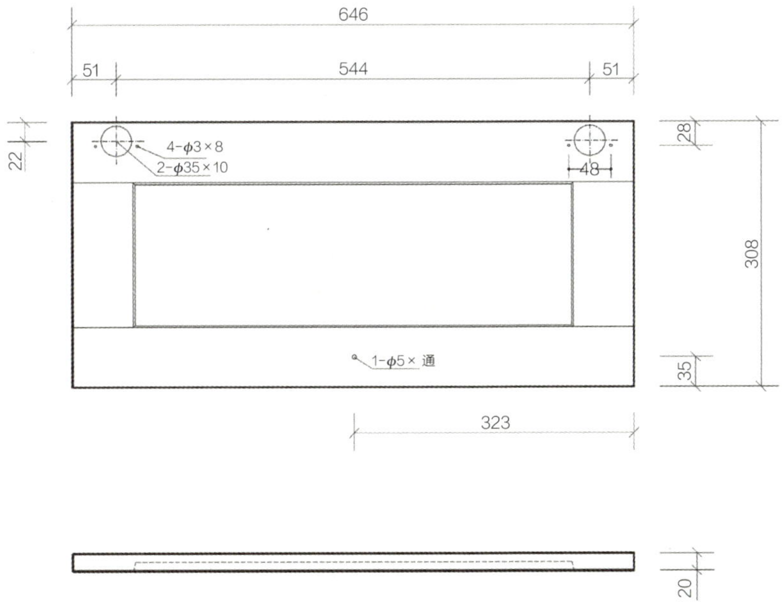

产品名称	储物柜
规格	L660×W460×H1165
图纸名称	10 门板
材质	刨花板
数量	1
比例	1 : 5
单位	mm
其他说明	
日期	
作者	
页码	共 15 页 第 13 页

储物柜部件清单表					
序号	名称	规格	数量	材料	备注
1	上侧板	360×330×20	2	刨花板	
2	下侧板	830×460×20	2	刨花板	
3	中隔板	620×440×20	1	刨花板	
4	上隔板	620×348×20	1	刨花板	
5	后背条	620×90×20	1	刨花板	
6	搁板	620×418×20	2	刨花板	
7	背板	1000×640×5	1	中纤板	
8	底板	620×440×20	1	刨花板	
9	前横条	620×60×20	1	刨花板	
10	门板	646×308×20	2	刨花板	

产品名称
储物柜
规格
L660×W460×H1165
图纸名称
储物柜部件清单表
材质
数量 1
比例
单位 mm
其他说明
日期
作者
页码
共15页
第14页

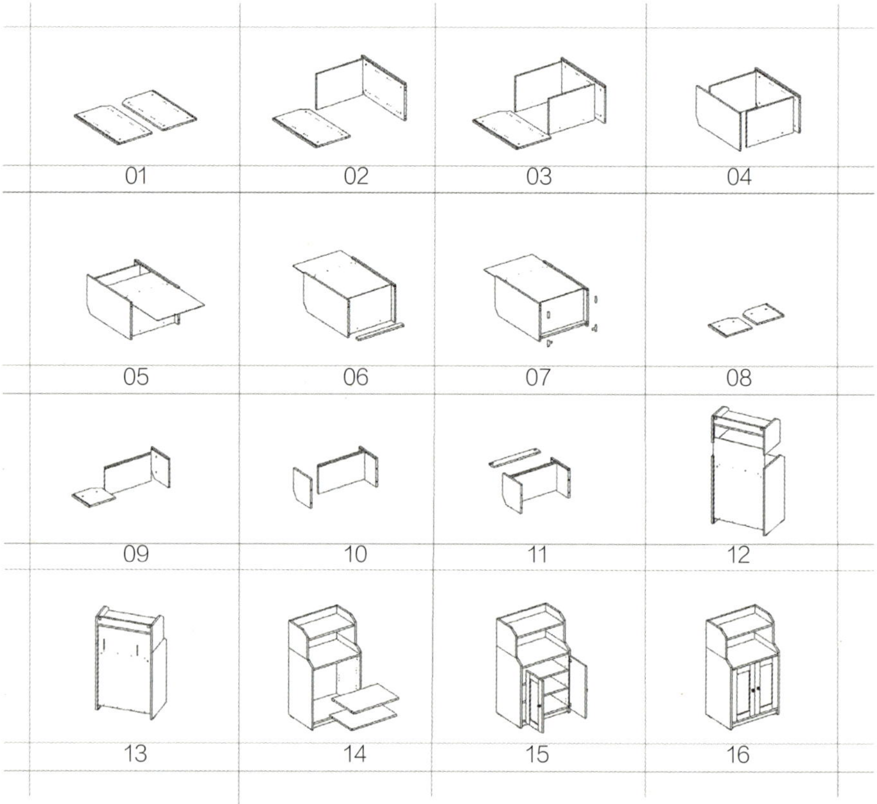

产品名称
储物柜
规格
L660×W460×H1165
图纸名称
储物柜安装步骤图
材质
数量 1
比例
单位
其他说明
日期
作者
页码
共15页
第15页

6.3 修改板式家具结构图纸

列出下面给定图纸不规范和错误的地方，逐条列出，不用修改图纸，只列出条目即可，并在下面图纸上标注或批注出不规范或有错误的地方。

■家具结构图样图

储物柜组装图

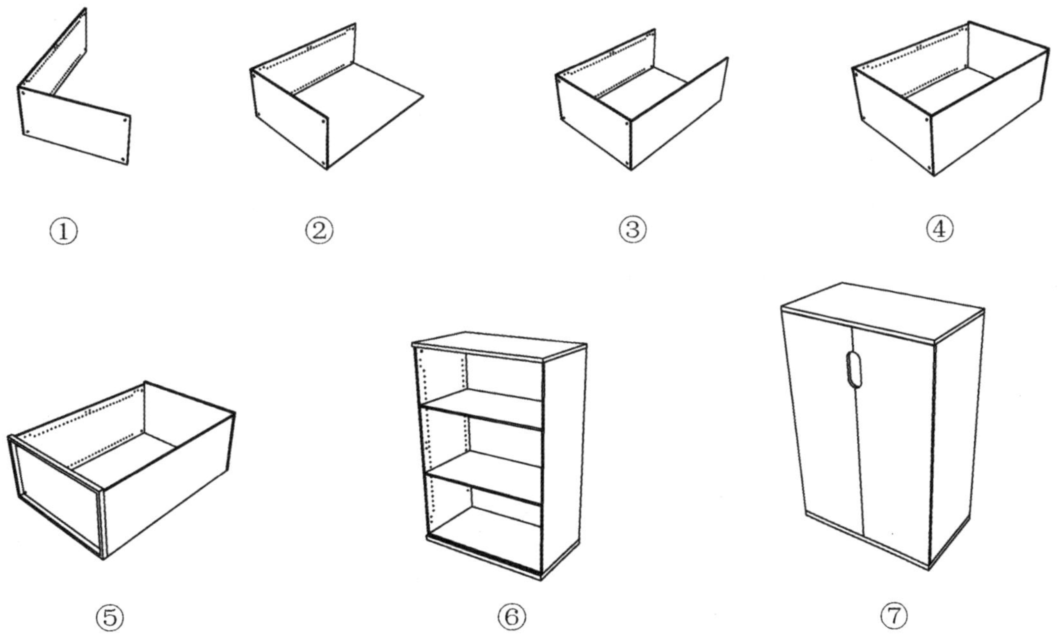

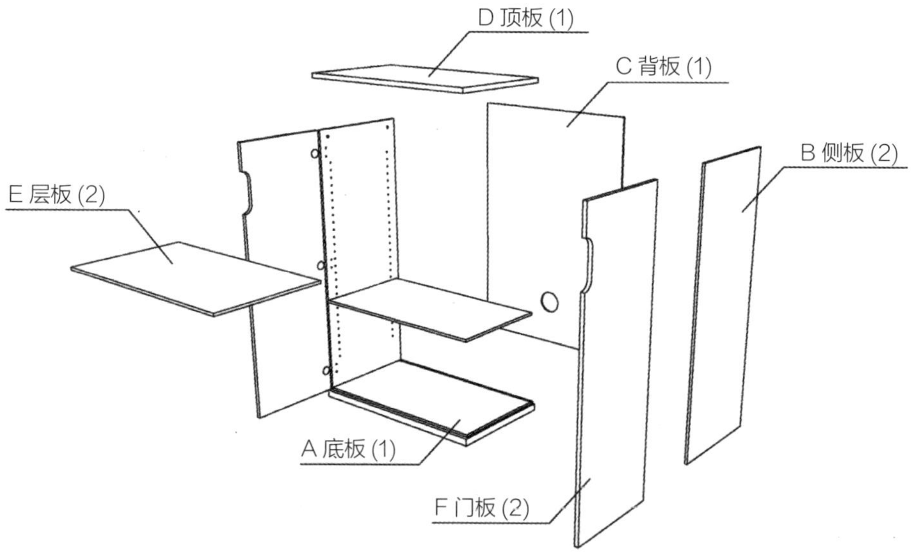

部件清单					
部件序号	部件名称	部件尺寸	部件个数	部件材质	备注
A	底板	L780×W435×H15	1	中纤板	
B	侧板	L1150×W435×H15	2	中纤板	
C	背板	L1152×W780×H6	1	中纤板	
D	顶板	L800×W6×H20	1	中纤板	
E	层板	L780×W423×H15	2	中纤板	
F	门板	L1148×W400×H15	2	中纤板	

产品名称	储物柜
规格	
图纸名称	储物柜拆分图
材质	中纤板
数量	1
比例	1：10
单位	mm
其他说明	
日期	
作者	
页码	共 1 页 第 1 页

储物柜图纸

产品名称
储物柜
规格
L800×W6×H20
图纸名称
D 顶板分解图
材质 中纤板
数量 1
比例 1 : 10
单位 mm
其他说明
日期
作者
页码
共 7 页
第 4 页

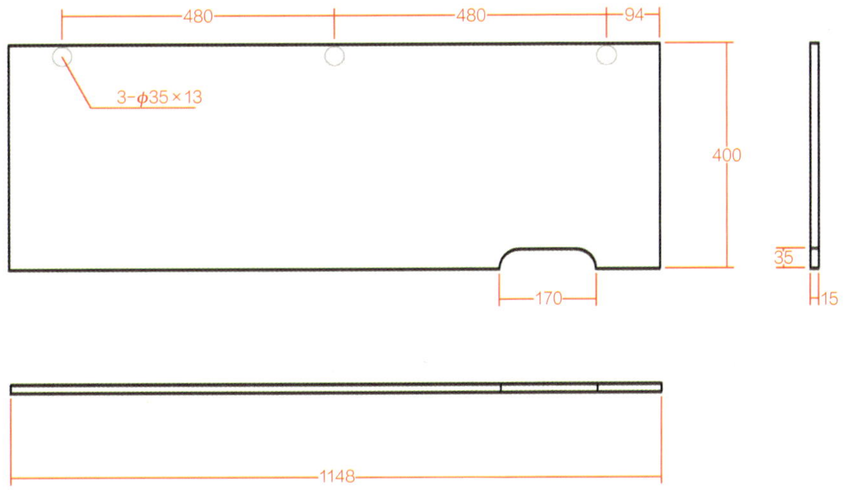

产品名称
储物柜
规格
L1148×W400×H15
图纸名称
F 门板分解图
材质 中纤板
数量 1
比例 1 : 10
单位 mm
其他说明
日期
作者
页码
共 7 页
第 6 页

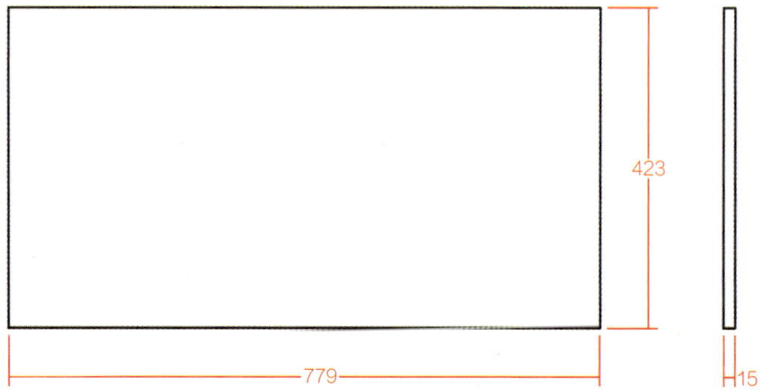

产品名称	储物柜
规格	L780 × W423 × H15
图纸名称	E 层板分解图
材质	中纤板
数量	1
比例	1 : 10
单位	mm
其他说明	
日期	
作者	
页码	共 7 页 第 5 页

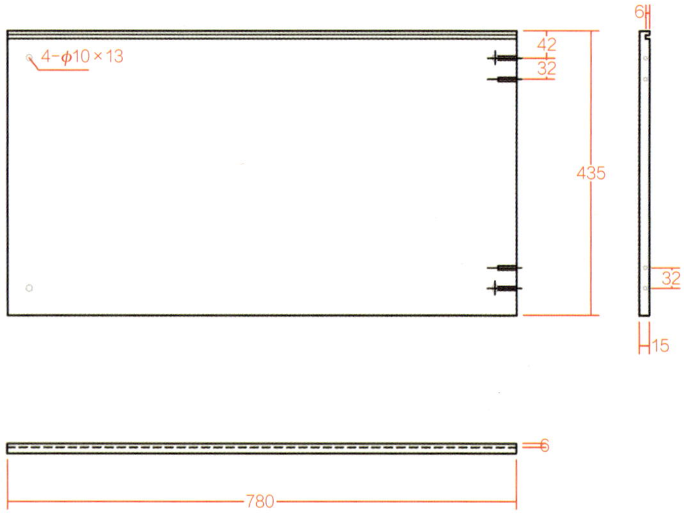

产品名称	储物柜
规格	L780 × W435 × H15
图纸名称	A 底板分解图
材质	中纤板
数量	1
比例	1 : 10
单位	mm
其他说明	
日期	
作者	
页码	共 7 页 第 1 页

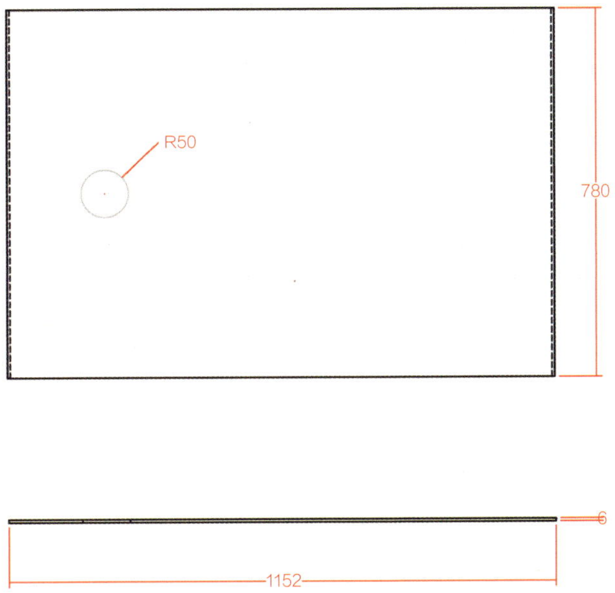

产品名称	储物柜
规格	L1152 × W780 × H6
图纸名称	C 背板分解图
材质	中纤板
数量	1
比例	1 ∶ 10
单位	mm
其他说明	
日期	
作者	
页码	共 7 页 第 3 页

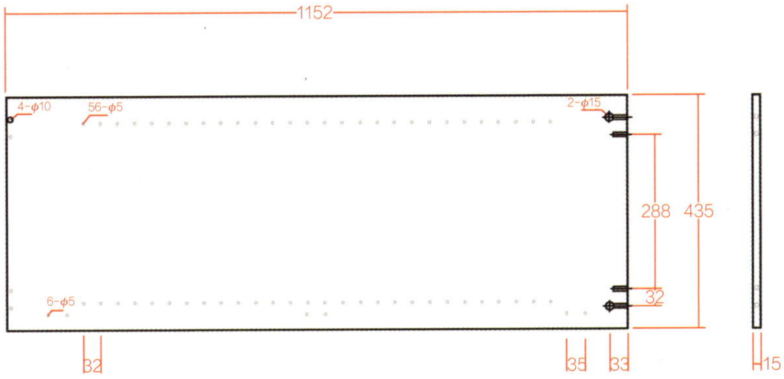

产品名称	储物柜
规格	L1150 × W435 × H15
图纸名称	B 侧板分解图
材质	中纤板
数量	1
比例	1 ∶ 10
单位	mm
其他说明	
日期	
作者	
页码	共 7 页 第 2 页

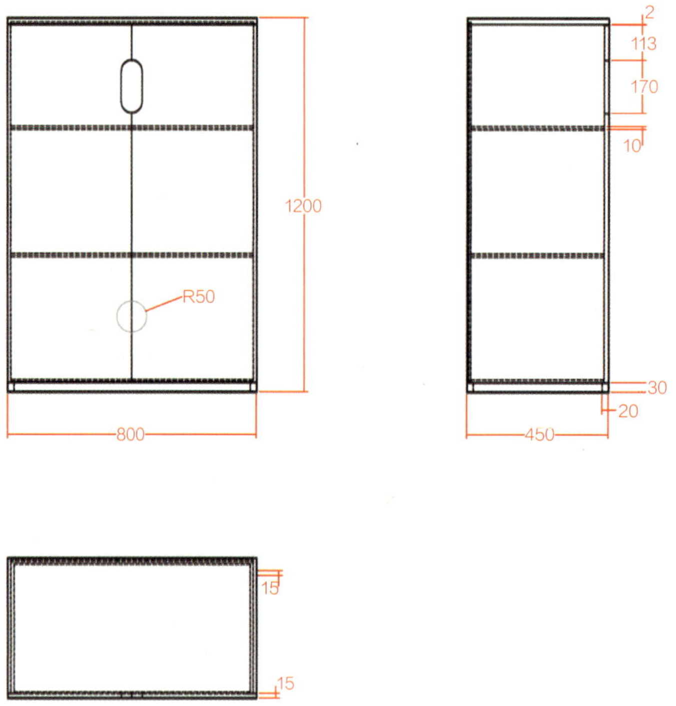

产品名称	储物柜
规格	L800 × W450 × H1200
图纸名称	储物柜三视图
材质	中纤板
数量	1
比例	1 ： 10
单位	mm
其他说明	
日期	
作者	
页码	共 7 页 第 7 页

6.4 任务评价

表 3-13 学习任务 6 评价表

评分项目			分值	评分要求	自评得分	小组评分	教师评分
综合素养	纪律情况（10 分）	不迟到、不早退，及时签到	5	违反三次不得分			
		学习用品准备齐全	5	用具不齐每次扣 2 分			
		执行教师指令	0	不服从管理扣 10—100 分			
	职业道德（15 分）	善于沟通，工作有计划，按时完成相关任务	5	没有按时完成任务，每次扣 2 分			
		场地、工作位干净整洁	5	养成好习惯，食物不进教室，发现一次扣 2 分			
		能与他人合作完成任务	5	各做各的作业，没有合作扣 2 分			
	综合能力（10 分）	积极思考问题、分析问题、解决问题的能力	5	能积极分析问题解决问题得 5 分			
		健康积极的工作态度、认真踏实的工作作风	5	工作态度好得 5 分			
核心技术	任务完成过程（30 分）	能准确了解任务要求	5	不按要求完成工作页扣 5 分			
		用专业词语回答问题，书写规范	5	用专业词语回答，规范性强得 5 分			
		创新能力体现	5	能体现创新思路的得 5 分			
		任务分工合理，成员间配合好	5	分工不合理，配合不好不得分			
		能合理利用各种资源为任务服务	10	不查阅相关资料的酌情扣 1—10 分			
	工作页提交或成果展示（20 分）	语言表达清晰准确	5	表达清晰准确得 1—5 分			
		内容完整、有逻辑	10	内容完整有逻辑得 1—5 分			
		追求完美，精益求精	5	精益求精得 5 分			
任务完成情况	按时按质完成（15 分）	按时提交工作页	5	不按时提交扣 5 分			
		字迹整洁、格式美观	5	格式美观，有设计感得 1—5 分			
		内容完成程度高，准确率高	5	完成度高，准确性高得 1—5 分			
得分合计							
总分（自评得分 ×20%+ 小组评分 ×30%+ 教师评分 ×50%）							

个人总结：请根据本次学习任务的完成情况，从个人综合素养提升、职业能力提升等方面进行小结。					
本人签字		组长签字		教师签字	

学习任务 7
绘制抽屉柜的整套结构图纸

●建议学时：10 学时。

●任务描述：学习任务 7 主要有三个学习子任务，其中包含对学习任务 7 的评价，通过学习任务 7 明确主要任务和要求，自己动手绘制并展示整套板式家具结构图纸，具体任务及学习要求见表 3-14。

表 3-14 任务点及具体学习要求

序号	子任务内容	学习要求	备注
7.1	板式家具抽屉柜结构图纸绘制	1. 自主学习，主动思考，完成工作页上的内容 2. 学会与人合作，分工合理，发挥团队力量完成任务 3. 团队自主选取板式家具抽屉柜并绘制整套结构图纸，建议选取带抽屉和门的产品 4. 严格按照行业企业制图标准进行绘制，确保图纸的规范性、美观性与准确性，提升自身职业素质 5. 先用草图大师辅助确定家具产品的尺寸及部件相对位置、连接结构，结构形式完全确定后再用 CAD 软件进行图纸绘制 6. 软件使用要熟练，绘图效率要高，使用快捷键绘图 7. 用严谨的科学态度按照要求绘制整套结构图纸，每个结构形式都要详细绘制，图纸类型准确、完整 8. 绘制完成后小组成员相互检查，精益求精，力求精确 9. 培养自己分析问题、解决问题的能力	
7.2	展示整套结构图纸	1. 自主学习，主动思考，完成工作页上的内容 2. 学会与人合作，分工合理，发挥团队力量完成任务 3. 在展示整套结构图纸的过程中学会如何调整软件相关参数 4. 以高标准来要求自己，将自己团队的成果以最好的方式展示出来，培养自己的创新精神 5. 整套图纸的图纸数量会比较多，要学会对相关图纸进行分类，并学会在 CAD 布局空间里调整图纸显示 6. 训练草图大师及 CAD 图纸绘制能力，能将图纸导出任意需要的格式文件 7. 严格按照行业企业制图标准进行展示，确保图纸的规范性、美观性与准确性，提升自身职业素质 8. 培养自己分析问题、解决问题的能力	
7.3	任务评价	1. 根据学习任务评价表中的评分项目及要求，完成自主评分、小组评分 2. 完成学习任务 7 的个人总结，总结本任务的完成情况及成效，找出不足并提出改进措施，提升自身职业素养 3. 将学习任务评价表填写完整，与前面两个子任务的成果按任务要求一起提交给学习委员	

码 3-12 板式家具结构图纸绘制指南

<table>
<tr><td rowspan="2">家具结构设计</td><td rowspan="2">学习单元三
学习任务 7</td><td colspan="3">姓名：</td></tr>
<tr><td>班级：</td><td>学号：</td><td>日期：</td></tr>
</table>

7.1 板式家具抽屉柜结构图纸绘制

小组分工合作，自主选取板式家具抽屉柜绘制其整套结构图纸。先用草图大师将家具产品的结构拆装图绘制出来，绘制完成后拼成整件家具，然后再用 CAD 绘制各类结构图纸，注意图纸的规范性、美观性与准确性。

1. 先用草图大师绘制抽屉柜的结构示意图，严格按照产品的实际尺寸进行绘制。每个部件绘制完成后都要做成群组或组件，skp 文件保存时要保存成低版本，建议保存成 2020 版或以下版本，养成良好的绘图习惯。

2. 绘制抽屉柜结构时要精益求精，注意部件结构之间的准确衔接，部件与部件之间连接要严丝合缝。

3. 在绘制抽屉柜结构示意图的过程中注意总结方法和经验，能用快捷键进行绘图。

4. 抽屉柜的结构示意图绘制完成后还要按照安装步骤绘制详细的安装步骤图。

5. 调整草图大师里的“样式”选项，将“轮廓线”数值调至合适的大小，背景颜色调成白色。

6. 完成上述任务后，再用 AutoCAD 软件绘制整套家具结构图纸，绘制完成后将每个部件的图纸摆放整齐，可以用辅助线将每张图框起来，整个过程要细心仔细，源文件保存成低版本，建议保存成 2010 版或以下版本。

7. 注意图层设置、标注样式设置、线宽及线型设置等方面，绘图过程中使用快捷键绘图。注意图纸的规范性、准确性和美观性。

8. 板式家具抽屉柜整套 CAD 结构图纸应包含封面、立体图、部件名称图、三视图、部件图、部件清单表、五金清单表、安装步骤示意图等内容。部件的结构图纸最少要使用两个视图来表现。

7.2 展示整套结构图纸

整套抽屉柜结构图纸绘制完成后还要完成图纸的展示。

1. 草图大师完成模型绘制后，赋予不同结构部件不同的材质或颜色，以外形美观、结构清晰为基本原则。

2. 调整草图大师里的“样式”选项，将“轮廓线”数值调至合适的大小，背景颜色调成白色，样式也可以自主选择。

3. 将 skp 文件导出 jpg 格式的图片，导出时注意将相机里的透视模式改为平行投影模式，将图形大小及角度调至合适的大小和方向，分辨率调至 3000 以上，只需要导出一张立体图即可。

4. 所有 CAD 图纸绘制完成后在布局选项卡里调整整套图纸的样式，最后导出 PDF 文件，纸张尺寸为 A4，横向导出，打印样式调整至合理状态，所有导出的 PDF 文件最后都要在一个 PDF 文件里面。

5. 根据导出的 PDF 文件检查图纸的规范性、准确性和美观性，有问题的地方返回源文件再次调整，重新导出。

6. 任务成果提交：最终提交 CAD 源文件和导出的 PDF 文件，文件名均以“小组成员姓名 +3−7 板式家具抽屉柜整套结构图纸”来命名。同时提交 skp 源文件和导出的图片文件，文件名均以“小组成员姓名 +3−7 板式家具抽屉柜整套结构图纸”来命名。

7.3 任务评价

表 3-15 学习任务 7 评价表

评分项目			分值	评分要求	自评得分	小组评分	教师评分
综合素养	纪律情况（10 分）	不迟到、不早退，及时签到	5	违反三次不得分			
		学习用品准备齐全	5	用具不齐每次扣 2 分			
		执行教师指令	0	不服从管理扣 10—100 分			
	职业道德（15 分）	善于沟通，工作有计划，按时完成相关任务	5	没有按时完成任务，每次扣 2 分			
		场地、工作位干净整洁	5	养成好习惯，食物不进教室，发现一次扣 2 分			
		能与他人合作完成任务	5	各做各的作业，没有合作扣 2 分			
	综合能力（10 分）	积极思考问题、分析问题、解决问题的能力	5	能积极分析问题解决问题得 5 分			
		健康积极的工作态度、认真踏实的工作作风	5	工作态度好得 5 分			
核心技术	任务完成过程（30 分）	能准确了解任务要求	5	不按要求完成工作页扣 5 分			
		用专业词语回答问题，书写规范	5	用专业词语回答，规范性强得 5 分			
		创新能力体现	5	能体现创新思路的得 5 分			
		任务分工合理，成员间配合好	5	分工不合理，配合不好不得分			
		能合理利用各种资源为任务服务	10	不查阅相关资料的酌情扣 1—10 分			
	工作页提交或成果展示（20 分）	语言表达清晰准确	5	表达清晰准确得 1—5 分			
		内容完整、有逻辑	10	内容完整有逻辑得 1—5 分			
		追求完美，精益求精	5	精益求精得 5 分			
任务完成情况	按时按质完成（15 分）	按时提交工作页	5	不按时提交扣 5 分			
		字迹整洁、格式美观	5	格式美观，有设计感得 1—5 分			
		内容完成程度高，准确率高	5	完成度高，准确性高得 1—5 分			
得分合计							
总分（自评得分 ×20%+ 小组评分 ×30%+ 教师评分 ×50%）							
个人总结：请根据本次学习任务的完成情况，从个人综合素养提升、职业能力提升等方面进行小结。							
本人签字		组长签字		教师签字			

学习单元三总体评价

●建议学时：2 学时。

●任务描述：通过学习单元三总体评价考查同学们在学习过程中对知识和技能的掌握情况，自主总结分析任务完成情况，具体评价内容见表 3-16。

表 3-16 学习单元三总体评价表

<table>
<tr><th>序号</th><th>学习任务</th><th>权重</th><th>综合得分（各学习任务得分 × 权重）</th><th>备注</th></tr>
<tr><td>学习任务 1</td><td>熟识板式家具材料及五金件</td><td>10%</td><td></td><td></td></tr>
<tr><td>学习任务 2</td><td>拆装板式家具实物</td><td>10%</td><td></td><td></td></tr>
<tr><td>学习任务 3</td><td>绘制偏心件及圆棒榫的孔位图纸</td><td>10%</td><td></td><td></td></tr>
<tr><td>学习任务 4</td><td>绘制板式家具门板的孔位图纸</td><td>10%</td><td></td><td></td></tr>
<tr><td>学习任务 5</td><td>绘制抽屉结构图纸</td><td>10%</td><td></td><td></td></tr>
<tr><td>学习任务 6</td><td>板式家具结构案例及图例修改</td><td>15%</td><td></td><td></td></tr>
<tr><td>学习任务 7</td><td>绘制抽屉柜的整套结构图纸</td><td>35%</td><td></td><td></td></tr>
<tr><td colspan="3">总分</td><td></td><td></td></tr>
<tr><td>本学习单元是否合格</td><td></td><td>教师签字</td><td colspan="2"></td></tr>
<tr><td colspan="5">个人总结：请根据以上分数情况，对本学习单元中的工作和学习状态进行评述，并分析个人的优缺点，提出改进措施。

（本人签字）

年　　月　　日</td></tr>
<tr><td colspan="5">教师指导意见：</td></tr>
</table>